배시시~
조한이와 머니
은찬이와 로미, 대니
원석이네
방예진과 방글이
혜수와 크림양
으앙~
KB234873

정윤이랑 장금이
쿨
쿨 쿨
쿨 쿨
또또, 또리와 예찬이
지유와 솔비
승짱과 뚱양
장한결과 장초롱

깐돌이
냐옹~
효민이랑 단비랑 테디랑
희야
콩당이
쩜백이
울음이와 돌돌이
이페키님과 이나은 아가님
이단유와 또또
수인이, 루시, 미카와 함께
가족 사진
종원, 지수,
종욱, 까망

고양이가 되고 싶은
아이 박세희
은석이와 먼지
13살 큰아이가 직접 짠
모자를 쓴 고양이 유리
모자 멋지죠?
주원이와 보리
왈왈~!
13살 할머니 미니
또또
쿠키
DOG

임신하면 왜 개, 고양이를 버릴까?

이 책은 환경과 나무 보호를 위해 재생용지를 사용했습니다.
환경과 나무가 보존되어야 동물도 살 수 있습니다.

임신하면 왜 개, 고양이를 버릴까?

책공장더불어

나는 채현이와 서현이 두 딸의 엄마이고, 몽실이와 몽글이 시추 두 마리와 함께 사는 반려인인 동시에 의사이다. 아이들에게 해로운 것은 무슨 수를 써서든 막아야 할 엄마이고, 몽실이와 몽글이를 내 삶의 한 부분이라고 생각하는 반려인이면서 과학적 근거와 통계적 수치를 바탕으로 건강을 연구하는 서양의학을 공부한 의사이다.

내가 나를 이렇게 소개하는 이유는 지금 내 모습 자체가 아이와 반려동물을 함께 키우는 것이 위험하다는 편견을 깨는 도구이기 때문이다. 아이의 안녕을 최고의 목표로 삼는 엄마가 아무런 근거나 확신도 없이 아기와 반려동물을 함께 키울 리 있겠는가?

그동안 온라인 반려동물 동호회에서 활동하면서 반려동물이 사람, 특히 아기에게 미치는 영향에 대한 잘못된 상식을 바로잡으려고 많은 노력을 했으나 뿌리 깊은 오해와 편견이 꾸준히 확대 재생산되면서 마치 당연한 사실처럼 되어 버리는 현실에 한계를 느꼈다. 의학적 근거도 없이 계속 반복되는 질문과 논쟁에 일일이 대응하다가 체계적이고 이론적인 대응이 필요하다는 생각에 이 책을 쓰게 되었다.

내 주변의 의사들도 내가 아기를 낳고 반려견과 계속 사는 모습을 보고 "왜 강아지들을 버리지 않느냐?"고 한 마디씩 한다. 내가 이 책을 준비하면서 놀란 것 가운데 하나는 반려동물이 사람의 건강에 미칠 수 있는 영향에 대한 의학적 자료가 희귀하다는 것이었다. 의과대학에서 공부한 여러 교과서에도 반려동물에 대한 이야기는 따로 다루지 않았고, 인수공통질병에 관해 간단히 언급한 것이 전부였다. 국내에서 연구 발표된 논문은 전무하다시피 하며, 선진국에서도 최근에야 연구가 시작되었음을 알 수 있었다.

하지만 중요한 것은 반려동물을 키우면 아기가 생기지 않는다거나 아기가 생기면 반려동물을 버려야 한다는 등의 이야기를 정상으로 받아들이는 나라는 없다는 것이다. 길가의 돌맹이가 사람의 건강에 미치는 영향을 연구할 필요가 없듯이, 반려동물도 별 영향이 없기 때문에 자료가 그만큼 적은 것이다.

두 아이를 낳고 키우는 과정에서 나 또한 많은 어려움을 겪었고, 해답도 스스로 찾아야 했다. 아토피와 온갖 알러지를 달고 사는 엄마와 달리 아이들은 뽀송한 피부에 감기도 거의 걸리지 않고 잘 자라고 있으며, 성격도 밝다. 이렇듯 아이들이 건강하고 행복한 아이로 크는 데에는 반려견의 역할이 어느 정도 있다고 생각한다.

작은 집에서 두 아이와 개 두 마리와 함께 지내는 일은 어려움도 있지만 가족으로 지내면서 얻는 행복에 비하면 작은 부분에 불과하다. 그래서 다른 아이들도 우리 아이들처럼 반려동물과 함께 놀면서 건강하고 행복하게 자랐으면 하는 바람이 생겼다.

이 책은 의학적 근거를 바탕으로 역으로 문제를 푸는 형식이다. 사람들이 생각하는 반려동물이 아이의 건강에 끼치는 해로운 점에 대해 하나하나 반박하는 형식으로 이루어졌다. 그래서 이 책이 임신한 후 반려동물을 버리라는 주위의 압박에 대항하는 이론적 근거가 되기를 바란다. 두 아이를 임신하고 낳고 키우는 과정에서 나 또한 고민했던 문제이므로 그 절실함에서 나온 해답이 반려인들에게 도움이 되리라 생각한다.

권지형

처음 이 책을 기획할 때 '굳이 책으로 낼 필요가 있을까?'가 솔직한 심정이었다. 사람들이 임신과 함께 반려동물을 버리는 이유는 누가 들어도 의학적인 근거가 부족한 것이라 시간이 좀 지나고 반려동물 문화가 정착되면 자연스레 사라질 것이라고 믿었기 때문이다. 그런데 생각과 달리 시간이 지날수록 오히려 더 강화되고 있었다.

그래서 의학적으로 조목조목 반박하는 권지형 선생님의 글과 함께 사회, 문화적인 측면에서 이 문제를 짚어 보는 글을 내가 쓰게 되었다. 아무리 의학적인 근거를 들이대도 설득되지 않는 이 문제를 반려문화, 반려동물을 바라보는 사회적인 시각 등과 더불어 살펴봐야 해답을 얻을 수 있을 것 같았기 때문이다. 어느 나라나 유기동물은 사회적인 문제이고 반려동물문화 선진국이라 해도 매년 휴가철이면 버려지는 유기동물로 골머리를 앓는다. 하지만 임신과 함께 반려동물을 버리는 것이 일상화된 나라는 우리나라뿐이다.

언니가 결혼하고 임신하면서 우리 집의 축제가 시작되었다. 부모님께는 첫 손주였고, 나머지 네 남매에게는 첫 조카였다. 언니네 부부가 맞벌이를 하느라 할머니가 돌보게 된 조카는 엄마, 아빠는 물론 할머니, 할아버지, 두 이모와 두 삼촌의 사랑을 한몸에 받으며 모두의 아이로 자랐다. 여기에 또 하나의 가족이 있었으니 조카보다 두 살 많은 반려견 찡이이다. 찡이는 조카가 생후 3일째 되는 날 우리 집에 입성할 때부터 조카의 수호천사가 되어 늘 조카를 지켰다. 조카가 자다가 깨면 가족들에게 알렸고, 목욕을 할 때면 코에 물이 튀는 것도 참으며 곁을 지켰다. 그 모습을 보는 우리도 행복했다. 흙으로 된 마당에서 볼일을 보는 찡이는 볼일을 보고 집으로 들어오며 매트에 쓱쓱 발을 터는 것이 전부였다.

가족 중에 의사가 둘이나 있지만 의문을 가지는 사람은 아무도 없었고 조카는 건강하게 자랐다. 오히려 조카는 다섯 살 되던 해 아파트로 이사를 가면서 없던 아토피가 생겼다. 반면에 나중에 태어난 다른 조카는 고양이털 알러지가 있어서 조카가 오는 날이면 청소를 하고 환기를 하고 한바탕 난리법석을 떨어야 한다.

나는 여기에 답이 있다고 생각한다. 반려동물의 존재 자체는 문제가 아니다. 늘 인간의 문제이다. 지레 겁을 먹고 반려동물을 버려 버리면 우리가 조카와 찡이와 함께 누렸던 행복은 포기해야 한다. 알러지가 있는 조카처럼 문제의 원인이 반려동물이라면 그때 대처하면 된다. 귀여울 때는 좋았는데 일상에 짐이 되는 것 같으니 버리고 싶은 인간의 얄팍한 이기심을 온갖 핑계로 삼아 반려동물에게 덮어씌우지는 말아야 한다.

나의 부족한 전문지식을 채워 주고 바르게 이끌어 준 분들에게 감사의 말을 전한다. 엄마들이 제대로 알아야 의사가 편하다는 원칙을 갖고서 15년 전 육아잡지 때부터 지금까지 나의 귀찮은 제의를 늘 기쁘게 받아 주시는 의정부성모병원의 소아청소년과 긴영훈 선생님, 부족한 수의학적 지식을 꼼꼼히 챙겨 주신 충현동물병원 강종일 선생님, 전공 분야에 대한 성실함과 책임감 면에서 최고의 신뢰를 보여 주는 한양대학교 구리병원 산부인과 류기영 선생님, 한국에 올바른 반려문화를 정착시키는 데 큰 역할을 해주고 있는 한국HAB 박창진 선생님, 폭넓은 수의학적 지식과 정보로 늘 큰 도움을 주는 우성동물병원 최영민 선생님, 언제나 든든한 조력자 임순례 감독님께 감사의 말을 전한다.

김보경

차례

5장 한국에서 반려동물과 아이 함께 키우기

1장
반려동물과 함께하는
행복한 임신

임신 준비, 일찍 시작할수록 좋다

임신과 출산은 인생의 중대사이다. 그러므로 임신 전부터 준비를 해야 하고, 특히 반려동물과 함께 살고 있다면 더 세심하게 준비해야 한다. 임신 준비를 가능한 한 일찍 시작하는 것이 좋은 이유는 엄마와 아빠의 세포 구석구석까지 건강해야 건강한 아기를 낳을 수 있기 때문이다.

우선 몸에 해로운 것은 피한다. 인스턴트 음식, 술, 담배, 카페인 음료 등을 멀리하고, 복용하고 있는 약이 있다면 담당 의사와 상의하는 것이 좋다. 사람들은 대부분 이런 준비를 여자만 하면 된다고 생각하지만 남자도 술과 담배 등 몸에 해로운 것을 멀리하는 등 몸 만들기에 들어가야 한다. 건강한 정자와 난자가 만나야 건강한 아기가 만들어지는 것은 당연하다. 임신을 계획하고 있다면 적어도 3개월 전부터는 아빠도 술과 담배를 자제해야 한다.

또한 부부가 함께 건강검진을 미리 받으면 좋다. 빈혈, 간 기능 검사 등 기본적인 혈액검사와 함께 매독, 에이즈, B형 간염, 풍진 등의 전염성 질환 검사도 받는다. 특히 풍진 항체가 없으면 반드시 임신 전에 예방접종을 받아야 한다. 임신 초기에 풍진 바이러스에 감염되면 태아 기형이 발생할 수 있기 때문이다. 임신 중에는 잇몸질환이 생기기 쉬우므로 스케일링 등 치과 치료도 미리 받아두는 것이 좋다.

고혈압, 당뇨, 갑상선질환 등의 만성 내분비질환이 있는 경우에는 주치의와 자주 상담한다. 특히 고혈압 약 중 안지오텐신 전환효소 억제제, 당뇨병 약, 항갑상선제 등은 기형 유발 가능성이 높으므로 의사와 상담하여 대체약을 찾아야 한다. 임신 중 혈당 조절이나 갑상선 호르몬 조절이 제대로 되지 않으면 태아가 거대아가 되거나 선천성 갑상선기능저하증 등의 선천성 이상이 나타날 수 있기 때문이다. 또한 무뇌아, 신경관결손 등 신경계통 기형을 예방하기 위해 엽산을 복용해야 하는데 가능하면 임신 전 3개월, 최소한 1개월 전부터는 복용해야 하므로 임신을 계획한 날부터 바로 복용하는 것이 좋다.

반려동물과 행복한 임신

결혼을 앞둔 사람의 미래는 많은 변화가 예상된다. 결혼과 임신, 출산, 육아 등 인생의 중요한 변화가 줄줄이 이어지기 때문인데, 이런 사람과 함께 사는 반려동물도 변화의 과정을 같이 겪어야 한다. 때로는 그 변화를 잘 이해하지 못해 당황하지만 반려인에 대한 믿음과 사랑으로 변화에 적응해 가는 반려동물을 위해 사람도 많은 노력과 준비가 필요하다.

임신을 계획하면서 반려인이 가장 먼저 해야 할 일은 반려동물과 아이의 육아에 대해 함께 생활하는 가족에게 동의를 구하는 것이다. 배우자를 비롯한 가족에게 아기와 반려동물을 함께 키우는 것에 대해 의논하고 동의를 구한다. 주변의 동의 없이 혼자 우겨서 반려동물과 산다면 반려동물과 반려인 모두 불행해진다.

특히 배우자의 도움은 절대적이다. 배우자만이라도 내 편이 되어준다면 집안 어른들의 동의를 구하지 못해도 버틸 수 있지만, 그렇지 못한 경우에는 임신과 출산, 육아 기간이 행복하지 않기 쉽다. 배우자의 도움 없이 반려동물을 키우며 그 기간을 버티기란 쉽지 않기 때문이다. 특히 반려동물을 지키려는 사람이 며느리라면 남편의 전폭적인 지지 없이 시댁 어른들과 맞서서 혼자 반려동물을 지키기란 우리 사회에서는 힘든 일이다.

또한 반려동물과 함께하는 생활에 대해 충분히 논의해야 한다. 가장 먼저 체크해 봐야 할 것은 반려동물의 교육 정도이다. 교육이 잘되어 있지 않으면 아기가 태어난 후 통제되지 않는 반려동물 때문에 육아가 몇 배로 힘들어지고, 심한 경우 안전사고가 발생할 수도 있으므로 반드시 '기다려', '엎드려', '앉아', '안 돼' 등의 기본 교육, 대소변 가리기 교육 등은 완벽하게 되어 있어야 한다. 아이가 없을 때는 기본 교육이 안 되어 있어도 별문제가 없지만 아이가 태어나는 순간 교육을 시키지 않은 것을 후회하게 된다.

임신과 육아 기간 동안 일이 늘어나면서 산책, 목욕, 털 빗기기 등 반려동물의 기본적인 관리부터 아플 때 동물병원에 데려가고 약 먹이는 일 등을 혼자서 하기는 어렵다. 그런 일은 부인과 남편이 역할 분담을 적절하게 해 놓아야 한다.

또 임신과 육아 기간 동안 반려동물의 건강관리에 소홀해질 수 있으니 건강검진을 미리 받는 등 꼼꼼하게 체크하는 것이 좋다. 건강검진은 함께 크는 아기를 위해서도 필요하다. 반려동물이 아기를 핥을 수 있으므로 스케일링을 하는 등 구강 위생 상태도 체크하고, 항체검사와 기생충검사도 받아서 부족한 부분은 접종하거나 구충(기생충 구제약을 먹임)한다.

또한 반려동물과 아기를 함께 키워 본 선배들의 이야기를 들어본다. 직접 들어도 좋고 온라인에 올려진 글을 읽어도 된다. 그들이 털어놓는 고충이 있다면 준비하면 되고 즐거운 이야기들을 들으며 행복한 상상도 해본다. 단, 온라인상에서 떠도는 '누가 ~라고 하더라.' 식의 근거 없는 이야기는 귀담아듣지 않을 줄 아는 지혜도 필요하다.

그리고 반려동물에게 임신을 준비하고 있으며 새로운 가족이 생길 것이라는 이야기를 계속 들려주어야 한다. 그들에게도 변화를 준비할 시간이 필요하다.

임신 주수에 따른 태아의 변화와 임신부의 생활법

임신 초기	
4주	수정란의 착상이 완료되고 태아와 엄마의 혈액순환이 이루어지며 이때부터 임신반응검사가 대부분 양성으로 나온다.
5주	초음파로 임신임을 확인할 수 있다. 태아는 외배엽, 중배엽, 내배엽의 세 층으로 분화되고 올챙이 모양으로 변한다. 예민한 임신부는 이때부터 입덧이 시작된다.
6주	대부분의 신체기관이 각 부위에 자리 잡고 발달하기 시작한다. 손가락, 발가락이 생기기 시작하며 팔꿈치를 굽힐 수 있다.
7주	복부 초음파로 태아의 심장박동을 확인할 수 있으며, 뇌로 발달할 구조물도 확인할 수 있다. 태아는 손가락과 발가락이 다 형성되었으며, 스스로 혈액을 생산할 수 있

| 8~9주 | 다. 대부분의 임신부가 입덧을 한다. |

| 8~9주 | 면역체계의 성숙이 시작된다. 특히 간에서 생성되는 B림프구가 9주부터 나타나기 시작한다. 이때부터 20주까지는 임신부의 체중이 300g/주 정도로 증가하는 것이 바람직하다. |

| 10~12주 | 초음파로 척추를 볼 수 있고 중요한 신체기관은 거의 형성된다. 태아는 스스로 움직일 수 있다. 목과 상체의 굴절운동이 가능해지고, 자극을 받으면 반응할 수 있다. 자연유산의 80% 정도가 12주 이내에 발생하므로, 이 시기까지는 모든 생활에서 조심해야 한다. 임신 11~14주 사이에 초음파로 보이는 태아 목덜미 투명대의 두께를 이용해서 다운증후군 선별검사를 한다. |

반려동물과 행복한 임신

임신부는 피로를 쉽게 느끼고, 호르몬의 변화로 감정 기복이 심해져 사소한 일로도 짜증을 잘 낸다. 이 시기에는 자주 쉬어야 하고, 필요 없는 신체활동은 하지 말아야 한다. 피로감, 입덧 등으로 신체적인 어려움은 큰 반면에 임신 사실이 겉으로 드러나지 않아 주위에서 배려를 받기가 어렵기 때문에 가족의 이해와 사랑이 더욱 필요한 시기이다.

임신 초기는 태아의 발달이 모두 이루어지는 시기로 기형아가 발생할 위험을 고려하여 모든 먹을거리와 생활습관에서 주의를 기울여야 한다. 톡소플라스마 예방을 위해 생고기와 회 등 날음식 섭취를 자제하고 조리를 위해 만지는 것도 주의하며 직접 흙을 만지지 않도록 주의한다.

이 시기에 풍진이나 톡소플라스마와 같은 질병에 걸려 자궁 내 감염병에 노출되면 심한 후유증을 남길 수 있다. 반려동물이 생식을 하고 있다면 임신 기간 동안 사료나 익힌 음식으로 바꾸는 것이 좋고, 반려동물의 대소변은 비닐장갑을 끼고 치운다. 고양이 분변을 직접 만지지 않도록 주의한다.

반려동물에게 사용하는 약물 중 외부용(외부기생충 예방약, 피부병약, 안약 등)을 사용할 때는 임신부의 피부로 흡수될 가능성이 있으므로 비닐장갑을 끼고 하거나 다른 가족에게 부탁하는 등 주의를 기울여야 한다.

임신 초기는 유산 위험이 높고 안정이 필요하므로 유산 병력이 있거나 출혈 또는 복통이 있는 임신부는 일시적으로 반려동물과의 산책을 중단하고 남편 등 다른 가족이 시켜 주는 것이 좋다.

임신 중기

13~14주 태아는 양수를 삼킬 수 있고 신장의 기능도 완전히 발달하는 시기라 태아가 삼킨 양수를 자연스럽게 다시 배

출할 수 있게 된다. 따라서 임신 중반기 이후에는 태아의 소변이 양수의 주된 구성성분이 된다. 태아는 손가락을 쥐었다 폈다 할 수 있고, 머리둘레, 복부둘레, 대퇴골 길이로 태아의 크기를 측정하는 것이 가능해진다. 13주가 지나면 입덧이 대부분 사라진다. 이때부터 출산 이후까지 임신부는 잠을 잘 이루지 못하고, 자주 깨는 증상이 나타나는 경우가 많다.

15~16주 초음파로 태아의 성별을 구분할 수 있고, 태아의 위장기능이 거의 완벽하게 발달한다. 대부분의 임신부가 외관상으로 임신했음을 확연히 알 수 있다. 이 시기에 임신부의 혈액을 이용한 기형아 선별검사인 쿼드 검사(Quard test)를 시행하고 이상이 있을 경우 20주 이내에 양수검사를 한다.

17~18주 태아는 다양한 표정을 지을 수 있고, 예민한 임신부는 이 시기에 태동을 느낀다.

19~21주 임신부는 대부분 태동을 느낄 수 있고, 자궁이 커지면서 하지정맥류, 심부정맥혈전증, 역류성 식도염 등의 증상을 겪는다. 가벼운 산책을 하고 과식을 피하는 것이 가장 좋은 방법이다. 이 시기에 호흡곤란을 느끼는 임신부도 있다. 20주 이후부터는 임신부에게 식사 이외의 철분 공

급이 따로 필요하다. 20주부터 분만 시까지 임신부의 체중 증가는 450g/주 정도가 바람직하다.

22~24주

태아는 완전한 사람으로 성장했으며, 바깥에서 들리는 소리를 들을 수 있고, 외부환경이나 엄마의 감정 상태에 따라 다양한 반응을 보인다. 임신 중반기 이후부터 일부 임신부가 요실금을 겪는데 양막이 파열되어 양수가 새는 것과 구별해야 한다. 양막이 조기에 파열되는 원인은 확실하게 밝혀지지 않았는데 양막이 파열되면 맑은 혹은 약간의 피가 섞인 양수가 질 밖으로 흐른다. 이런 경우 태아가 바로 세균에 감염되거나 양수 부족으로 위험해질 수 있으므로 바로 병원으로 가서 적절한 치료를 받아야 한다.

25~26주

임신성 당뇨 검사를 한다. 태아는 폐를 제외한 모든 기관이 거의 완전하게 생성되었고, 이후에는 체중증가가 뚜렷하게 나타난다. 임신부는 자궁이 커지면서 요관이 압박을 받아 신장에 물이 차는 수신증이 오기도 하고, 장운동이 감소하고 직장이 압박을 받아 변비가 생기고 심하면 치질이 되기도 한다.

반려동물과 행복한 임신

알러지성 비염, 천식 등의 알러지 질환이 있는 임신부는 임신 중기에 면역체계의 변화로 증상이 심해질 수 있는데, 이는 반려동물과는 아무 상관도 없는 임신 중에 나타나는 변화 중 하나이다.

임신 중기는 임신 기간 중에 신체적·정신적으로 가장 편안한 시기라고 할 수 있다. 반려동물과 함께 산책도 하고, 가벼운 여행도 할 수 있다. 태아와 엄마가 감정적으로 밀접하게 연결되어 있으며, 엄마의 스트레스가 태아에게 고스란히 전달되기 때문에 최대한 편한 마음으로 즐겁게 생활하는 것이 좋다. 가능하면 큰 소리를 내고 싸우는 등의 행동은 자제한다.

이 시기에 태아는 외부의 소리를 들을 수 있다. 그렇다고 반려동물이 짖는 것을 굳이 제지할 필요는 없다. 자궁 내에서 익숙해진 소음은 아기가 태어난 후 환경 적응에 도움이 되기 때문이다.

반려동물에게 새로 생길 가족에 대해 자주 이야기해 주고, 생활습관 교육을 시작한다. 산책을 나가야 배변을 하는 반려동물이라면 서서히 집 안에서 배변할 수 있도록 생활을 교정해 주는 것이 좋다. 아기가 태어나면 산책을 하지 못하거나 횟수가 줄어드는 경우가 많기 때문이다. 물론 엄마 이외에 산책을 책임질 사람이 있다면 상관없다.

반려동물이 한 침대에서 같이 잔다면 따로 자는 교육을 시작한다. 아기 침대가 있는 방에는 되도록 들어가지 못하게 한다거나 침대에는 올라오지 못하게 하는 등의 교육도 필요하다. 이런 식의 변화는 시간이 걸리는데 늦어도 아기 출산 전에 끝내야 한다.

생활 교정 교육은 출산 후 아기, 반려동물과 어떤 모습으로 함께 생활할지 가족과 함께 충분히 상의하면서 결정하면 된다. 산책을 따로 시켜 줄 사람이 있는 경우, 없는 경우, 안방 출입을 막을 경우, 침대에 오르는 것을 막을 경우, 반려동물을 방에 격리시킬 경우 등으로 나눠서 상황에 맞춰 교육 스케줄을 짠다.

임신 후기	
27~28주	태아는 대부분 체중이 1kg 이상이 되고, 빛에 대한 반응이나 인식능력이 거의 완성된다. 임신부는 다리에 쥐가 나거나 뭔가 기어다니는 듯한 느낌을 받는 경우도 있다. 똑바른 자세로 오래 누워 있으면 대정맥이 압박되어 일시적인 저혈압이 올 수 있으니 주의한다. 상당수의 임신부에게 복부에 임신선이 나타난다.
29~30주	태아가 급속도로 성장하면서 적혈구 생성이 어른의 3~5배로 빨리 일어난다. 임신부는 혈액량이 늘어나면서 철분 저장량이 부족해지므로 특별한 영양공급이 필요하다. 모든 임신부는 임신 중반기부터 반드시 철분제를 복용해야 한다. 자궁이 커져 허리와 골반, 다리에 많은 부담을 준다. 변비, 치질, 역류성 식도염 등의 증상도 많이 나타난다. 혈압이 140/90mmHg 이상이거나 체중 증가가 1kg/주 이상인 경우, 소변검사상 단백뇨가 심한 경우에

는 임신성 고혈압, 특히 흔히 임신중독이라고 일컫는 자간전증의 위험이 높으므로 3~4일에 한 번씩 병원을 방문해서 관리해야 한다.

31~33주 태아의 자궁 내 공간이 좁아져서 중기에 비해 태동이 둔해지는 시기이지만 한 시간 이상 태동이 전혀 없다면 바로 병원으로 가야 한다. 손톱, 발톱, 머리카락이 자라고, 모든 기관의 발달이 완료된다. 점차적으로 증가하던 지방세포가 이때부터는 급속히 증가하여 체지방률이 16%에 이른다.

34주 폐의 발달이 거의 끝난다. 임신부는 자궁의 무게 때문에 숙면이 어려워지고, 활발한 활동도 어려워진다. 일시적으로 자궁이 수축했다 저절로 풀리는 가진통을 경험하기도 한다.

35~36주 태아의 기본적인 성장이 완료되는 시기이다. 피부가 두꺼워져 출생 후 체온손실에 대비하는 등 태아는 밖으로 나올 준비를 시작한다.

37~39주 태아는 출생을 위한 모든 준비를 끝냈다. 태아에게 영양을 공급하는 태반도 37주에 그 기능이 최고치에 이른 후 쇠퇴과정을 밟는다. 그러나 엄마로부터 받는 면역 글로

불린이 대부분 마지막 4주 동안에 공급되기 때문에 가능하면 태아가 39주까지 자궁 내에 있는 것이 출산 후 건강에 좋다. 특히 마지막 2주는 태아의 면역기능에 매우 중요한 시기이다.

40주 이후 40주가 지났는데도 출산의 징후가 없다면 병원을 찾아야 한다. 42주가 넘어가면 과숙임신으로 분류되고, 양수과소증이나 과숙아의 징후가 보이면 분만유도나 제왕절개를 시행해야 한다.

반려동물과 행복한 임신

임신을 하면 자칫 부부관계가 다소 소원해질 수 있다. 이때 임신부가 감정의 변화나 우울증을 앓을 수 있는데 반려동물과 함께 살며 체온을 나누고 대화를 하는 것이 예방에 도움이 된다. 또 심장박동이 안정되어 태아에게도 좋다.

임신부는 배가 많이 나오고 허리나 다리에 통증이 생기는 등 몸이 무거워지므로 반려동물을 돌보기가 어려워진다. 쭈그린 자세로 목욕시키는 것은 배에 압박이 되므로 피하는 것이 좋다. 소형견이나 고양이를 목욕시킬 때는 테이블 등을 이용해 올려놓거나 의자에 앉아서 하도록 하고, 중대형견은 샤워기를 이용하는 것이 임신부에게 가장 무리가 적다.

이 시기에는 반려동물과 하루에 두 시간 이내로 산책하는 것이 엄마의 순산을 위해서도 좋다. 단, 조산의 위험이 있으므로 격렬한 운동은 피한다.

출산 예정일이 다가오면서 반려인은 챙겨야 할 일이 하나 더 있다. 임신부가 출산을 위해 병원에 입원하고 산후조리원에 들어간 사이 반려동물을 맡아 줄 사람을 찾는 일이다. 짧게는 3일, 길게는 한 달 정도 걸리므로 믿고 맡길 수 있는 곳을 찾아야 하고 여의치 않으면 동물병원이나 위탁업체에 맡겨야 하니 미리 예약을 해둔다.

그런데 의외로 이 시기에 다른 가족들이 반려동물을 유기하는 경우가 많으므로 그 점에 대해서 분명히 다짐을 받아두어야 한다. 출산 후 집에 돌아왔는데 반려동물이 없다면 엄마의 충격이 큰 것은 물론 가족 간의 신뢰가 무너져 엄마가 아기를 돌보는 데도 좋지 않은 영향을 끼친다. 피치 못할 이유로 다른 곳으로 보내더라도 상의한 후에 자기 손으로 보내는 것이 서로에게 상처가 적게 남는다.

임신 기간에 중요한 것은 부부가 반려동물과 아기를 함께 어떻게 키울지에 대해 대화를 많이 나누는 것이다. 목욕, 산책, 변 치우기 등은 누가 맡을 것인지, 아기와의 공간은 어떻게 나눌 것인지 의논하고 결정한다.

만약의 경우를 대비하여 장단기로 위탁할 수 있는 곳을 미리 알아두는 것이 좋다. 반려동물과 함께 사는 믿을 만한 친지가 맡아 준다면 가장 좋지만 여의치 않다면 믿을 만한 위탁업체 등을 알아두어야 한다.

출산 후에는 아기를 돌보느라 반려동물에게 소홀해지는 것은 어쩔

수 없다. 그러니 출산 전에 반려동물의 건강검진, 예방접종, 구충,
미용 등의 기본관리를 미리 해두는 것이 좋다.

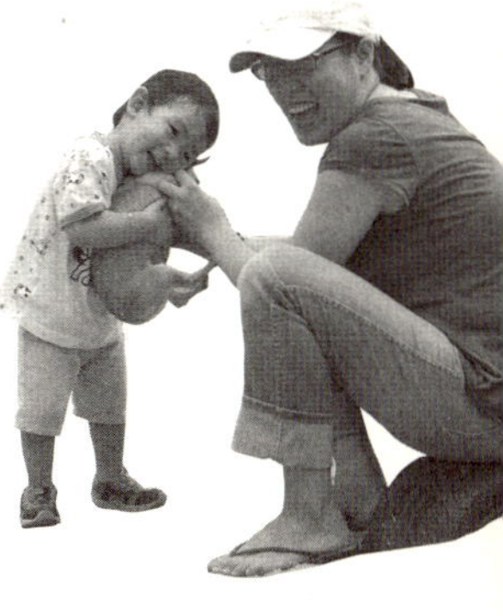

2장
반려동물과 임신에 관한
4가지 오해

❓ 개, 고양이를 키우면 임신이 안 된다
❗ 여성의 몸에 대한 지식 부족이 키운 오해

어른들이 결혼 시작과 함께 반려동물을 없애야 하는 이유로 많이 드는 것 가운데 하나가 바로 '개, 고양이를 키우면 임신이 안 된다.'는 것이다. 과연 그럴까? 이런 주장은 과학적인 근거가 전혀 없는데도 어른들이 대단한 확신을 갖고 있기 때문에 요즘처럼 불임률이 높은 상황에서 계획대로 임신이 안 되는 부부에게는 최고의 압박이다.

그 근거를 살펴보면 반려동물을 키우면 모성호르몬이 증가해 여성호르몬의 작용을 억제하기 때문에 임신이 안 된다는 것이다. 얼핏 듣기에 이론적으로 그럴듯해 보이지만 사실 모성호르몬이라는 것은 아예 없다. 설사 이것이 사실이라 해도 모성호르몬이 불임의 원인이라면 세상 모든 엄마가 첫째를 낳고 어떻게 둘째를 낳을 수 있겠는가.

여성호르몬은 크게 에스트로겐과 프로게스테론으로 나누어진다. 쉽게 말해 에스트로겐은 '여성다움'을 만드는 호르몬이고, 프로게스테론은 '임신을 유지시키는' 호르몬이라고 할 수 있다. 생리가 끝난 후부터 에스트로겐 분비가 서서히 증가하면서 난포의 성숙과 자궁

벽의 발달을 촉진시키고, 생리주기의 중간쯤이 되면 프로게스테론이 분비되며 배란을 시키고 임신에 대비한다. 그러다가 임신이 안 되면 프로게스테론 수치가 떨어지면서 자궁벽이 탈락하고 생리가 시작된다. 물론 에스트로겐 분비가 과하면 불임이 될 수 있지만 이는 모성과는 전혀 관계가 없다.

또 임신이 안 되는 이유에 대한 속설로는 '불임인 여자를 검사해 보니 나팔관이 개털로 꽉 막혀 있었다.'라는 말이 상당히 널리 퍼져 있다. 그러나 이 말은 옳은 말이 아니다. 자궁경부라 불리는 자궁 입구는 매우 두꺼운 근육으로 평상시에는 바늘구멍보다 작게 꼭 닫혀 있어서 개털이 자궁경부를 지나 나팔관에 도달할 수는 없다. 이렇게 단단히 닫혀 있는 자궁경부는 배란기나 아기를 낳는 순간에만 저절로 열리고 평상시에는 어떤 자극이 있어도 열리지 않는다. 또한 자궁경부는 단순한 근육 덩어리가 아니라 표면에 모공처럼 미세한 작은 구멍이 있어서 외부에서 침입하는 온갖 세균을 잡아서 다 없애 세균의 침입을 방어하는 기능을 한다.

이처럼 자궁과 나팔관은 아기를 낳기 위한 기관이기 때문에 가장 강력한 방어 장치가 있다. 만약 개털이나 고양이털이 자궁으로 들어갈 수 있고 나팔관까지 갈 수 있다면, 해수욕장의 모래, 공중목욕탕의 수많은 세균, 속옷이나 생리대의 화학물질 등으로 인해 불임이 되지 않을 여성이 한 명도 없을 것이다.

아주 드물지만 나팔관이나 난소에서 털이 나오는 경우가 있다. 이것은 일종의 양성 종양으로 난소에 있던 난자가 웃자라면서 털이나 이빨, 뼛조각 등의 조직으로 제멋대로 분화한 것이다. 난소기형종이라는 것으로 젊은 여성들에게 의외로 흔한 질병이다. 그러니까 그 털은 개털이 아니라 난소 자체에 종양이 생기면서 만들어진 것이다.

반려동물과 불임의 연관성에 관한 오해는 대부분 사람들이 여성의 몸에 대해 잘 알지 못해서 생긴 것이다. 그러므로 임신을 계획 중이라면 여성 자신이 자신의 몸에 대해 관심을 가져야 한다. 결혼 전이나 임신 전에 산부인과를 찾아서 기본 검진을 받는 것은 불임확률을 줄이고 반려동물에 관한 오해를 피하는 좋은 방법이다. 자궁내막증, 자궁근종은 임신 경험이 없는 여성에게도 흔한 질병으로 바로 치료하지 않으면 불임이 될 수 있다.

최근에는 예전에 비해 불임이 늘고 있고 그 원인 또한 다양하다. 다행인 것은 산부인과 전문의와 상담하면 대부분 치료할 수 있으니 괜한 오해를 반려동물에게 씌우지 말고 산부인과와 친해지자.

　　　　일단 임신이 되었더라도 개털과 고양이털은 온갖 오해에서 벗어나기가 어렵다. 동물 털이 임신 중에 태아에게 침입해 나쁜 균을 옮긴다는 것이다. 하지만 동물 털이 엄마의 몸 속으로 들어가 태아에게 침입하기란 임신 전보다 훨씬 어렵다. 왜냐하면 임신하면 태아는 자궁경부의 방어장치와 양막에 둘러싸여서 보호를 받기 때문이다. 따라서 세균을 비롯한 어떤 외부 물질도 자궁경부를 지나 양막을 뚫고 태아에게 닿기란 절대 불가능하다.

　이 시기 태아가 갖고 있는 외부 통로는 오로지 태반이다. 태반을 통해 엄마로부터 산소와 영양분을 전달받는 것이 전부이다. 태아의 질병이나 기형을 일으킬 수 있는 약물 또는 화학물질이 문제가 되는 이유는 분자량이 작아 태반을 통과할 수 있기 때문이다.

　그러므로 임신 중에 반려동물의 털이 태아에게 들어갈 수 있다는 말은 과학적으로 불가능한 괴담일 뿐이다. 심지어 임신부가 반려동물과 함께 수영을 하거나 목욕을 해도 태아에게는 아무런 영향도 끼치지 않는다.

앞에서도 지적했지만 태아가 접촉할 수 있는 것은 오로지 태반을 통과하는 물질뿐이기 때문에 개털 등의 이물질이나 반려동물의 세균, 바이러스, 곰팡이와 같은 미생물은 어떤 방법으로도 태아에게 도달할 수 없다.

그럼에도 불구하고 반려동물을 키우면 임신 중에 기형아를 낳는다는 오해를 일으키는 원인 중 하나는 톡소플라스마 기생충 때문이다. 실제로 톡소플라스마는 태반을 통과해서 태아에게 기형을 유발할 수 있는 보기 드문 기생충으로 고양이가 숙주 역할을 하기 때문이다.

톡소플라스마는 세포 내 원충류 기생충으로 인간, 고양이, 개, 양, 돼지, 새 등에게 감염을 일으킬 수 있고, 세계적으로 널리 분포하며, 특히 유럽과 북아메리카에서 발병률이 높다. 건강한 사람은 톡소플라스마에 감염되어도 별 증상 없이 가벼운 발열 정도로 지나가 대부분 본인도 감염 사실을 모른다. 단지 항암치료나 면역억제 치료, 에이즈 등으로 면역력이 떨어진 경우는 쉽게 감염되고 치명적이다.

정상적인 면역력을 갖춘 일반인들에게 별문제가 안 되는 톡소플라스마가 임신부에게 문제가 되는 이유는 임신부가 감염되었을 때 태아에게 기형을 유발할 수 있기 때문이다. 임신부가 임신 초기에 감염되면 자연유산, 자궁 내 태아 사망, 신경학적 장애가 일어날 수 있으며, 태어나더라도 대부분 1개월 이내에 사망한다.

톡소플라스마가 가장 흔히 감염되는 경로는 생선회나 육회 등의 날고기 섭취, 날달걀 섭취, 흙으로 인해 오염된 생채소 섭취, 농삿일 등으로 오염된 흙을 만진 후 손을 씻지 않고 음식을 먹는 경우이다. 감염된 혈액을 수혈받거나 오염된 주삿바늘의 사용, 장기이식으로도 감염될 수 있다.

이런 톡소플라스마가 반려인에게 문제가 되는 것은 고양이를 통해 감염될 수 있다는 가능성 때문이다. 고양이는 이 기생충의 유일한 완전숙주인데, 완전숙주란 기생충이 체내에서 생존과 번식을 모두 할 수 있다는 의미이다. 개를 비롯한 다른 동물은 단순한 매개체 역할만 하기 때문에 아무 문제가 없다.

그렇다면 고양이를 키우는 사람은 모두 톡소플라스마에 감염될까? 그리고 톡소플라스마에 감염되면 모두 기형아를 낳을까? 그렇지 않다.

고양이가 톡소플라스마에 감염되었다고 모두 위험한 것은 아니다. 사람이 고양이를 통해 톡소플라스마에 감염되는 경로는 고양이가 이 기생충에 감염되고 1~3주 지난 후부터 2주 정도의 기간 동안 매일 대변으로 수백만 개의 알을 배출하는데 이 알을 사람이 '섭취'했을 때이다. 그러므로 이 기간이 아니라면 톡소플라스마에 감염된 고양이라고 해도 임신부를 감염시킬 가능성은 없다. 임신부 또한 고양이와 오랫동안 함께 살아 톡소플라스마 항체가 이미 형성된 상태라면 임신 기간 중에 다시 노출된다고 해도 태아에게 옮겨가지 않는다.

정리하면 고양이와 반려인이 모두 톡소플라스마 항체가 없는 경우에, 고양이가 '급성'으로 톡소플라스마에 감염되어 알을 배출하는 2주 동안, 그 알을 임신부가 '섭취'했을 경우에만 태아에게 영향을 끼칠 수 있다.

또한 임신 중에 감염되었다고 해서 무조건 태아에 감염을 일으키는 것도 아니다. 임신 초기에 감염된 경우에 태아가 감염될 확률은 15%, 중기에는 25%, 후기에는 60%이다. 하지만 초기에 감염될수록 후유증이 심하고 임신 후기에는 무증상 감염이 90%를 넘는다.

그러므로 임신부가 고양이랑 살기만 해도 톡소플라스마에 감염된다거나 공기로 감염된다는 등의 이야기는 전혀 사실이 아니다. 실제로 고양이와 함께 사는 임신부가 고양이를 통해 감염되어 태아에게 영향을 끼칠 수 있는 확률은 매우 낮으며, 실제 사례를 찾기도 어렵다.

톡소플라스마에 대해 정확히 알면 예방 가능한 감염일 뿐 무조건 두려워할 대상이 아님을 알 수 있다.

실제로 톡소플라스마가 상당히 위험한 질병임에도 불구하고 우리나라에서 큰 문제가 되지 않는 이유는 발생빈도가 매우 낮기 때문이다. 감염을 추정할 수 있는 톡소플라스마 항체 양성률이 우리나라는 0.79~8%로 낮으며 가장 높은 곳이 제주도로 15% 정도인데, 생선회를 많이 먹는 식생활 때문이라고 추정된다.

실제로 우리나라에서 심각한 톡소플라스마 태아 감염으로 확진,

보고된 사례는 최근 20년 동안 2건이며, 2건 모두 고양이가 원인이라고 밝혀진 바는 없다. 1996년 전라북도에서, 1999년 충청남도에서 보고된 예가 있는데, 1999년의 태아 감염 증례를 보면, 임신부가 시골에서 농사를 짓는 분으로 소, 고양이, 개를 기르면서 직접 먹이를 주고 접촉했다. 농삿일을 하니 매일 흙을 만지고, 생야채도 많이 섭취했을 것이다. 이런 경우 키우던 동물 때문에 임신부가 톡소플라스마에 급성 감염되었다고 말할 수는 없다. 모든 생활이 톡소플라스마에 노출되어 있기 때문이다.

그렇다면 반려동물을 우리보다 훨씬 많이 키우는 미국이나 유럽의 상황은 어떨까? 특히 고양이를 키우는 가구가 우리나라보다 훨씬 많으니 미국, 유럽에는 더 많은 사례가 있지 않을까?

미국이나 유럽은 톡소플라스마 항체 양성률이 우리나라보다 훨씬 높은 편이다. 프랑스 90%, 독일 50%, 미국은 지역에 따른 차이가 커서 3~70%의 양성률을 보인다. 태아 감염 또한 미국이 1년에 신생아 1만 명 중 1명, 북유럽이나 프랑스가 1,000명 중 2~3명꼴로 보고된다. 이처럼 사례가 많기 때문에 톡소플라스마 예방법이나 반려동물과의 연관성에 대한 연구도 잘 되어 있다.

1995년에 미국 콜로라도대학교 수의과 라핀 교수는 고양이가 톡소플라스마의 생장에 필요한 역할을 하지만 사람의 감염과는 별 상관이 없다는 연구결과를 발표했다. 톡소플라스마의 실제 감염률이 고양이와 함께 사는지의 여부, 고양이 개체수와 상관없이 나타났기 때문이다. 연구에 따르면 톡소플라스마 감염률은 오직 지역에 따라 차이가 나타났다. 즉, 그 지역의 흙이나 물이 톡소플라스마에 어느 정도 오염되어 있는지, 지역민들이 익히지 않은 음식을 어느 정도 먹는지 등에 따라 감염률이 다르게 나타난 것이다. 톡소플라스마 감염이 반려동물이 아니라 지역의 토양이나 물 상태 등과 연관되었음을 증명하는 연구결과이다. 실제로 톡소플라스마 원충은 물속에서 수 개월 동안 생존할 수 있다고 알려져 있다.

그러므로 우리나라 사람들이 서구에 비해 생선회, 날고기, 생야채 등을 많이 먹는데도 불구하고 항체 양성률이 상대적으로 낮은 것으로 보아 우리나라의 흙이나 물 자체에 존재하는 톡소플라스마가 매우 적다고 추정할 수 있다.

또 고양이를 키우는 비율이 유럽과 별반 다르지 않은 미국의 톡소플라스마 태아 감염률이 유럽의 20분의 1 정도인 것도 이런 내용을 뒷받침한다. 단지 고양이가 감염의 주요 원인이라면 미국과 유럽의 감염률이 비슷하게 나타나야 함에도 불구하고 미국이 현저하게 낮은 것은 고양이와 동거하느냐가 톡소플라스마 감염과 별 상관이 없음을 증명한다. 결국 톡소플라스마 감염은 고양이를 키우느냐, 안 키우느냐와 연관된 것이 아니라 지역의 흙이나 물 등 환경 상태에 따라 좌우된다는 것이다.

이런 많은 연구를 통해 톡소플라스마 예방을 위해 고양이를 생활환경에서 퇴출시키는 것이 아무 의미도 없음을 현재 서구 유럽과 북아메리카에서는 의학적인 정설로 받아들이고 있다. 또한 고양이의 그루밍 습관으로 톡소플라스마 알이 대부분 제거되기 때문에 반려인이 임신 기간 동안 고양이가 배출한 톡소플라스마 알을 접촉할 확률은 더 떨어진다.

　그러므로 사람들이 흔히 오해하고 있듯이 '고양이를 키우면 톡소플라스마에 감염될 수 있다.'가 아니라 오히려 '고양이를 없앤다고 안 걸리는 것이 아니다.'가 맞는 말이다. 고양이를 키워서 무조건 태아가 유산되거나 기형아가 생긴다면 고양이 반려인이 상당수인 우리나라에 이처럼 사례가 적을 수는 없다.

　그러므로 막연한 공포를 갖고 있을 것이 아니라 정확하게 알고 예방하는 것이 중요하다. 실제로 임신부에게 톡소플라스마에 걸릴 수 있으니 고양이를 없애라는 의사는 있지만, 훨씬 더 감염확률이 높은 생선회나 육회, 생야채를 먹지 말라고 하는 의사는 거의 없다. 시골에 놀러가지 말라거나 농촌에 사는 임신부에게 임신 기간 동안 농삿일을 하지 말라고 하는 의사도 없다. 외국의 연구에서 밝혀졌듯이 톡소플라스마 감염이 고양이와의 연관성은 거의 없는 반면에 생활환경이나 식습관으로 인한 감염이 훨씬 더 높은데도 말이다. 그만큼 우리나라는 톡소플라스마라는 기생충 자체에 대해 제대로 알려지지 않고 막연한 공포심만 가득 갖고 있는 상황이다.

　고양이와 톡소플라스마의 연관성이 거의 없다고 밝혀져 있지만 그래도 고양이와 함께 살면 기형아를 낳는다는 주변의 압박이 너무 심해 스트레스를 받고 있다면 병원을 찾아 검사를 받아볼 수 있다. 임신 전 혈액검사를 통해 톡소플라스마 항체 검사를 받으면 된다. 임신 전 받은 검사에서 IgG 항체가 양성으로 나오면 이미 예전에 감염된 적이 있다는 의미이기 때문에 태아 감염에 대해 전혀 걱정하지 않아도 된다. 한 번 생긴 항체는 평생 동안 유지된다.

　하지만 임신 후 검사에서 IgM 항체가 양성으로 나오면 문제가 달라진다. 최근에 감염된 것이 의심되므로 양수검사나 탯줄혈액검사로 태아의 톡소플라스마 감염 여부를 진단한 후 약물치료를 하면 후유증의 발생 빈도와 심각한 정도를 줄일 수 있다.

그렇다면 고양이 반려인들은 톡소플라스마를 어떻게 예방하는 것이 좋을까? 임신부의 건강을 위해 다음의 주의사항을 지키면 혹시 모를 위험을 피해 갈 수 있다. 우리나라 사람들의 톡소플라스마 항체 양성률이 워낙 낮으므로 대부분의 사람들은 ④번부터 지키면 된다. 그러나 주변에서 주는 스트레스가 심하거나 두려움이 너무 크고 임신 기간 내내 불안할 것 같다면 ①번부터 실천하는 것도 좋다.

① 평소에 회나 생고기, 생야채 등을 즐겨 먹어서 톡소플라스마 감염이 두렵다면 임신 전에 톡소플라스마 항체 여부를 검사한다. 만약 항체가 있다면 다시 감염되어도 아무 문제 없으므로 아래 ⑬번까지의 주의사항은 지키지 않아도 된다. 고양이도 문제가 안 되고, 생선회나 생야채도 맘껏 먹을 수 있다. 하지만 우리나라의 항체 양성률이 워낙 낮기 때문에 항체가 없을 가능성이 높다.

② 고양이의 톡소플라스마 항체 여부를 검사한다. 만약 항체가 있다면 톡소플라스마 감염원이 될 수 없으므로 걱정할 필요 없다.

③ 톡소플라스마 항체 검사에서 임신부도 음성, 고양이도 음성이라면 임신 기간 동안 ④번부터 나오는 유의사항을 지키면서 생활한다.

④ 임신을 계획하는 시기부터 고양이에게 마른 사료와 직접 조리한 자연식, 가공된 캔 사료, 마른 간식을 먹인다. 생식은 피한다. 요즘 고양이의 건강을 위해 생식을 먹이는 반려인이 많은데 임신 기간 중에는 식단을 바꿔야 한다.

⑤ 고양이 배설물 처리는 임신부가 하지 않는 것이 좋지만 그럴 수 없는 상황이라면 몇 가지를 조심한다. 배설물이 공기에 48시간 이상 노출되면 감염력이 더 강해지니 배변 후 바로 치우고, 치운 후 바로 손을 비누로 2~3번 깨끗이 씻는다. 변은 손에 직접 닿지 않게 밀폐 봉지를 사용해 처리한다. 고양이 모래는 매일 갈아주는 것이 좋다.

⑥ 생야채나 생고기를 먹는 고양이는 2개월에 한 번씩 구충제를 먹인다. 일반 구충제로 톡소플라스마를 예방할 수는 없으나 위생관리를 위해 반드시 먹이는 것이 좋다.

⑦ 고양이가 흙에 접촉하지 않도록 주의한다. 임신 기간 동안에는 가능하면 집 안에만 두는 것이 좋다.

⑧ 조리하면서 생고기, 생야채를 다룰 때는 비닐장갑을 끼는 것이 좋다. 맨손으로 만졌다면 반드시 비누로 손을 깨끗이 씻는다.

⑨ 임신부는 임신 기간 동안 육회, 생선회, 생조개류, 날달걀 등의 생식을 하지 않는다. 야채는 되도록이면 익혀서 먹고, 생으로 먹을 때는 흐르는 물에 깨끗이 씻어서 먹어야 한다.

⑩ 먹는 물 또한 우물물, 개울물은 피하고 반드시 끓인 물이나 위생 처리된 물을 먹어야 한다.

⑪ 임신부는 흙을 맨손으로 만져서는 안 되며 정원에서 일할 때도 장갑을 끼고, 끝마친 후에는 반드시 손을 깨끗이 씻어야 한다. 농삿일을 해서 흙을 만져야 하는 상황이라면 음식을 먹기 전에 반드시 손을 비누로 깨끗이 씻는다.

⑫ 낯선 고양이를 만진 후에는 반드시 손을 씻는다.

⑬ 병원을 방문해 정기적으로 고양이 분변검사를 받는다.

톡소플라스마 예방법

톡소플라스마 감염의 위험을 줄이려면 다음의 것을 조심한다.

· 생고기를 먹지 않는다.

· 생야채는 깨끗이 씻어서 먹는다.

· 생고기를 조리한 도마와 조리기구를 깨끗하게 씻는다.

· 흙을 만질 때는 장갑을 끼는 것이 좋고 직접 만졌다면 일을 마친 후 깨끗하게 씻는다.

· 임신 기간 동안에는 고양이 배설물 처리를 다른 사람에게 부탁한다.

· 고양이 배설물 처리를 직접 할 경우에는 일회용 장갑을 낀 채 처리한 후 손을 깨끗이 씻는다.

· 고양이 변기는 매일 청소한다.

톡소플라스마 예방을 위해 고양이를 없앨 필요는 없다. 고양이와 함께 살면서 느끼는 사랑과 우정의 감정은 임산부에게 이루 말할 수 없이 좋은 영향을 끼친다. 고양이는 임신 기간뿐만 아니라 아기가 태어난 후에도 가족에게 큰 기쁨과 사랑을 전하는 원천이다.

입덧은 대개 임신 6주경에 시작되어 14~16주 정도까지 지속되는 현상으로, 원인은 확실하게 밝혀지지 않았으나 임신 후 융모생식샘자극호르몬과 여성호르몬의 증가 때문이라고 여겨지고 있다. 대부분의 경우는 늦어도 22주 이전에는 사라지는데 개인차가 심하여 임신 후반기까지 고생하는 임신부도 있다. 이 시기에 체중이 줄기도 하지만 그래도 태아에게는 영양이 다 가므로 걱정하지 않아도 된다.

입덧은 주로 아침에 심한데, 하루 종일 지속되기도 한다. 또한 입덧이 나타나는 양상이 개인차가 심해서 증상을 호소하는 음식이 임신부에 따라 매우 다르다. 음식뿐만 아니라 각종 냄새에도 민감해지는데, 흔하지는 않지만 반려동물의 몸이나 배설물에서 나는 냄새 때문에 증상이 심해진다고 호소하는 경우도 있다. 입덧이 반려동물 냄새나 배설물 냄새 때문에 심해진다기보다는 모든 냄새에 민감해진 상태에서 괴로운 냄새가 하나 더 추가된 것이라고 볼 수 있다.

입덧 증상을 완화시키는 어떤 약물이나 치료법이 현재까지는 없으며, 적은 양을 자주 먹고 구토를 유발하는 음식이나 상황을 피하는 것이 유일한 방법이다. 그러므로 반려동물과 가까이 있는 것을 일시적으로 피하고, 배설물 처리를 가족에게 맡기는 것이 좋은 해결책이다.

입덧은 노력한다고 임신부가 피할 수 있는 것이 아니다. 하지만 언젠가 저절로 끝난다는 것이 희망이다. 그러므로 일시적인 어려움 때문에 반려동물을 없애지 말고 입덧이 끝날 때까지 가족의 도움을 받으며 그 시기를 지혜롭게 넘기도록 한다.

미국임신협회(American Pregnancy Association)에서 권하는 임신, 육아
기간 동안 반려동물과 안전하게 생활하는 방법

개

개는 임신 기간 중에 임신부나 태아에게 건강상의 어떤 해로운 문제도 일
으키지 않는다. 누워 있거나 의자에 앉아 있을 때 대형견이 임신부의 배
위로 뛰어오른다면 모를까. 이 또한 뛰어오르지 못하게 교육시키면 해결
된다.

아기가 태어난 후에는 개에게 물리지 않도록 신경써야 한다. 아기는 호기
심이 많아서 개를 찌르고, 털을 잡아당기고, 기어다니면서 개를 놀래킬 수
있다. 아기의 호기심 어린 행동 때문에 개가 뜻하지 않게 물거나 상처를 낼
수 있기 때문이다.

아기가 태어났을 때 문제를 일으킬 수 있는 개의 습관이 있는지 확인하고
바로 교육을 시작한다. 신생아가 집에 있는 상황을 설정하고, 달라질 일상
생활을 가정한 후 거기에 맞춰 교육한다. 아기 대신 인형을 식탁이나 의자
에 놓고 교육할 수 있다.

개에게 아기 장난감을 가지고 놀지 않도록 가르친다.

개는 주인이 아기만 보살피는 것에 대해 질투할 수 있으므로 개에게도 신
경써야 한다. 아기와 놀 때 개를 참여시키는 것도 좋은 방법이다.

개와 아기가 함께 있을 때에는 잠시도 눈을 떼서는 안 된다. 절대로 아기와
개만 남겨두고 자리를 떠서는 안 된다.

고양이 반려인이라면 임신 기간 중에 톡소플라스마 감염을 조심해야 한다. 톡소플라스마 감염은 고양이의 대변과 접촉할 때 일어날 수 있다. 집 안에서 생활하는 고양이보다는 밖에서 생활하는 고양이가 톡소플라스마에 더 많이 노출되어 있다.

만약 임신 전에 톡소플라스마에 감염되어 면역력을 갖고 있다면 태아는 안전하다. 미국에서는 15% 정도의 여성이 면역을 가지고 있으며, 오랫동안 고양이를 길러온 여성은 그 비율이 더 높다.

미국 기형학 정보 서비스 단체(OTIS, Organization of Teratology Information Services)에 따르면 엄마가 10~24주 사이에 감염된 경우 신생아가 심각한 문제를 보일 확률은 5~6% 정도로 조산, 저체중, 발열, 황달, 망막이상, 지능저하, 비정상두위, 발작, 뇌내 석회화 등의 문제가 나타난다. 임신 3분기로 가면 태아가 감염될 위험은 높아지나 태아의 중요한 발달이 이미 끝난 다음이기 때문에 태아가 심각한 손상을 입을 가능성은 오히려 줄어든다.

고양이 대변에 노출되는 가장 흔한 경로는 고양이가 배설물을 묻어놓은 정원에서 일을 하거나 고양이 모래를 갈아줄 때이다. 임신부는 가능하면 고양이 모래를 갈아주는 일을 하지 않는 것이 좋다.

만약 반려동물로 고양이를 키우면서 임신을 계획하고 있다면 임신 전에 톡소플라스마 검사를 하여 항체 존재 여부를 확인한다.

톡소플라스마는 태아에게 지능저하, 실명, 학습부진, 사산 혹은 조산과 같은 증상을 유발할 수 있다. 주치의에게 고양이를 기르고 있다는 사실을 알려야 한다. 만약 임신 중에 감염되었다면 약물치료로 태아가 감염될 가능성을 줄일 수 있다.

정원에서 일을 할 때는 반드시 장갑을 낀다.

아기와 고양이 둘만 놓아두고 자리를 떠서는 안 된다.

파충류 또는 양서류

도마뱀, 이구아나, 거북이, 개구리, 뱀 등의 파충류나 양서류도 상당히 인기 있는 반려동물이지만 임신부와 태아에게는 위험할 수 있다. 이 동물의 대변에 직접적이든 간접적이든 노출되는 것은 살모넬라 감염을 유발할 수 있으며 이것은 임신에 나쁜 영향을 끼친다.

살모넬라 감염은 특히 5세 이하의 어린이에게 매우 위험하다. 이 시기 아이들의 면역력은 매우 취약하여 파충류의 대변에 노출되는 것이 위험할 수 있다. 따라서 어린이가 만 5세가 될 때까지는 파충류와 양서류는 집 안에서 기르지 않는 것이 좋다.

만약 동물을 계속 기르기로 결심했다면 다음의 생활규칙을 지켜야 한다.

파충류와 양서류를 만지거나 그 집을 만진 후에는 반드시 비누와 따뜻한 물로 손을 깨끗이 씻는다.

파충류나 양서류는 부엌이나 조리시설에 접근하지 못하도록 한다.

파충류를 목욕시키거나 그 집을 청소할 때 싱크대에서 하지 않는다.

파충류의 집 청소는 외부에서 하는 것이 안전하다. 만약 욕조 안에서 청소했다면 욕조를 소독제로 소독해야 한다.

어린이가 파충류나 양서류를 가지고 놀거나 그 집을 만지지 않도록 한다.

파충류나 양서류가 집 안을 돌아다니지 않도록 한다.

조류

조류는 캄필로박터, 살모넬라, 클라미디아, 기타 원충류 감염을 일으킬 수 있고 사람에게 옮길 수도 있지만 기르는 새가 건강하다면 임신부나 태아, 아기에게 별문제를 일으키지 않는다. 따라서 수의사에게 새의 건강상태를 꼼꼼히 진단받아야 한다.

앵무새(cockatoo)와 같은 새들은 먼지를 많이 일으킬 수 있다. 공기청정기를 사용하는 것이 먼지와 비듬을 없애는 데 도움이 된다.

임신 기간 중에 새와 더 안전하게 지내려면 다음의 지시를 따른다.

주치의에게 새를 기르고 있다는 사실을 알린다.

기르는 새를 수의사에게 보이고 건강상태를 체크한다. 수의사에게 임신을 계획하고 있거나 임신 중이라는 사실을 밝힌다.

새를 만지거나 새장을 만진 후에는 반드시 비누와 따뜻한 물로 손을 깨끗이 씻는다.

새장 청소는 다른 가족이 하도록 한다.

새의 안전을 위해 주의할 것 – 베이비 파우더, 베이비 로션, 옷핀, 의약품, 분무기, 더러운 기저귀는 새에게 해로울 수 있으므로 새 근처에 두지 않는다.

농장동물

농장동물은 리스테리아, 캄필로박터, 살모넬라, 크립토스포리디움 등을 사람에게 옮길 수 있으며 임신부와 아기에게 해로울 수 있다. 임신 중에는 가능하면 농장일을 하지 않는 것이 좋지만 그럴 수 없다면 다음의 주의사항을 지킨다.

- 사료를 주는 일은 하지 않는다.
- 사산된 동물은 만지지 않는다.
- 위생 가공된 우유만 마신다.
- 정제되지 않은 물은 마시지 않는다. 만약 우물물을 먹는다면 질산염, 대장균, 그외 해로운 물질이 없는지 반드시 검사를 거쳐야 한다.
- 농장동물이나 농장시설에 접촉한 후에는 반드시 비누와 따뜻한 물로 손을 깨끗이 씻는다.

3장
반려동물과 함께하는
즐거운 육아

아기가 태어났어요. 산후조리는 어떻게?

10개월의 임신 기간을 마치고 마침내 아기가 태어났다. 자연분만을 했다면 몇 시간 만에 걸어다닐 수 있고, 분만 중 특별한 문제가 없었다면 바로 일상생활을 시작할 수 있다. 자연분만 중 회음부절개를 한 경우 통증이나 불편한 느낌이 얼마간 지속될 수 있는데 이때는 좌욕이 도움이 된다. 통증이 심하면 얼음찜질을 해주는 방법도 있다. 제왕절개수술을 받은 경우에는 수술 후 적어도 3~4일, 통상적으로는 봉합을 제거할 때까지 5~7일 정도 입원해야 한다. 출산 과정에서 합병증이 있었다면 더 길어질 수 있다.

임신 기간 동안 10배 정도 커졌던 자궁은 산후 2주 정도에 골반 내로 다시 들어올 만큼 작아지며, 생후 6주에는 분만 전의 크기로 돌아온다. 자궁벽이 탈락하면서 생기는 산후 분비물은 출산 후 평균 3~6주까지 관찰된다. 모유수유를 하지 않으면 보통 6~8주, 모유수유를 하면 개인차가 있지만 늦어도 18개월 이내에 배란과 생리를 시작한다.

전통적으로 서구의 산후조리기간은 한 달에서 한 달 반 정도로 잡는데, 이는 임신으로 인한 생리적 변화가 임신 전 상태로 대부분 돌아가는 기간인 산후 6주와 거의 동일하다. 하지만 임상적, 습관적으로 우리나라 산모의 산후조리기간은 백일을 전후로 하는 것이 좋을 듯하다.

퇴원해서 집으로 돌아오면 어느 정도 일상생활에 복귀하면서 산후조리를 하게 된다. 산모가 있는 방을 덥게 하는 것이 전통적인 방법이지만 지나치게 온도가 높으면 점막을 건조시켜 회음부절개나 수술 부위의 감염을 유발할 수 있으므로 적절한 온도에 맞춰야 한다. 신생아가 함께 있는 경우에는 실내 온도를 24~25도로 유지하는 것이 좋다.

모유수유를 하는 여성은 고칼로리, 고단백 음식을 섭취하고 칼슘을 따로 보충해야 한다. 모유수유를 하지 않을 경우에는 고칼로리 식사를 하면 산후비만의 원인이 되므로 일반적인 식사를 하는 것이 좋다. 이 시기에는 누워만 지내는 것보다는 일상생활과 가벼운 운동, 샤워를 하는 것이 자궁수축과 조기회복에 도움이 된다.

근육, 관절의 기능이 전체적으로 떨어져 있어 무리한 운동이나 집안일은 후유증을 남길 수 있으므로 조심한다. 산후풍은 동양 여성, 특히 우리나라 여성에게 나타나는 특이한 후유증으로 서양의학에서는 이론적으로 검증되지 않았다. 전통적 산후조리에서는 찬물에 닿거나 빨래를 비틀어 짜는 일을 금하며, 무거운 물건을 옮기는 등의 무리한 관절 사용을 금하고 있다.

특히 익숙지 않은 신생아 돌보기를 병행해야 하기 때문에 모든 일을 산모 혼자서 하기는 힘들다. 산후조리기간에 주위 사람들의 도움이 필요한 이유이다. 이론적으로 출산 6주 후에는 일상생활로 복귀

할 수 있으며 직장생활도 가능하다.

반려동물과 즐거운 육아

산후조리기간에는 여러모로 산모의 건강을 챙겨야 할 시기이므로 반려동물에 관한 일은 남편이나 가족에게 위임하는 것이 좋다. 근육이나 관절에 무리를 주면 안 되므로 산모가 반려동물 목욕을 시키는 것은 좋지 않다. 가벼운 산책은 산모의 자궁수축과 몸의 회복에 도움이 되므로 반려동물과의 산책은 좋지만 훈련되지 않은 중형견 이상의 반려동물과의 산책이나 한 시간 이상의 장시간 산책은 관절에 무리를 줄 수 있으므로 삼간다.

신생아란 어떤 존재인가?

반려인의 걱정 중 하나가 신생아의 면역력에 관한 것이다. 이 시기 아기의 면역체계가 약하니 혹시 반려동물과의 생활이 아기의 건강에 나쁜 영향을 끼치지 않을까라는 걱정 때문이다. 연령별로 자세히 알아보기 전에 먼저 대략적인 것을 살펴보자.

아기의 면역계를 구성하는 모든 세포는 조혈모세포에서 시작된다. 이 세포는 태아가 수정되고 2~3주가 지나면 발생하며 1차 림프기관인 가슴샘과 골수, 2차 림프기관인 비장, 림프절, 편도선, 장내 면역세포순으로 발달하게 된다. 이 기관들은 평생 동안 면역세포가 분화, 성장하는 곳이다.

림프 기관은 출생 시에 이미 잘 발달되어 있고, 출생과 동시에 빠른 속도로 성숙하며 생후 1세경에 최고치에 도달한다. 림프 기관은 면역세포를 다양한 세포로 성숙시키는데 이 과정은 출생 전에 완료된다.

항체는 B림프구에서 만들어 내는 저항물질로 IgG, IgM은 주로 바이러스에 대한 면역에 관여하고, IgE는 기생충에 대한 면역이나 과민반응에 관여한다. 항체 중 IgG는 엄마에게서 받을 수 있기 때문에 출생 시에 이미 성인과 비슷한 수치이지만 주로 임신 말기에 엄마로부터 받기 때문에 예정일보다 일찍 태어난 아기는 감염에 취약하다. 엄마로부터 받은 IgG는 생후 6개월 정도에 소실되고 아기 스스로 생성하는 항체인 IgM과 IgA는 아직 미약하기 때문에 생후 4~5개월에 면역 글로불린 수치가 가장 낮다. 그래서 생후 4~5개월부터 돌까지를 바이러스 감염에 가장 취약한 시기라고 보는 것이다.

아기가 스스로 생성하는 항체인 IgM은 출생 후 6일경부터 만들어지기 시작해 돌 정도에는 거의 성인 수준에 도달한다. 그래서 돌이 지나면 감염 위험이 줄어들어 질병에 잘 걸리지 않는다. 전통적으로 생후 12개월 때 돌잔치를 한 이유가 된다. 7~8세가 되면 모든 항체가 성인치에 도달해 이후 일정한 수준을 평생 유지한다.

또한 직접 몸에 들어온 세균과 유해물질을 처리하는 NK 세포, 대식세포 등은 2~3세 정도에 성인 수준에 도달한다. 그러므로 종합해 보면 만 3세 이후에는 면역기능이 성인과 거의 유사한 수준으로 발달함을 알 수 있다.

반려동물과 즐거운 육아

돌 전의 아기가 어른에 비해 면역력이 떨어지는 것은 사실이지만 반려동물이 옮길 수 있는 바이러스는 인간과 공유되는 것이 몇 가지 안 되기 때문에 크게 걱정할 필요는 없다. 침구나 장난감 등의 청결에 더 신경쓰는 것으로 충분하다.

반려동물이 평소에 보유한 세균은 일상적인 생활환경에서 접촉할

수 있는 세균과 크게 다르지 않기 때문에 아이가 노출되었을 때 아이
가 보유한 면역세포에 의해서 제거된다. 또 반려동물에게 질병을 일
으키는 세균은 사람에게서 살 수 없는 경우가 대부분이므로 특별한
면역질환이 있는 아기가 아니라면 큰 문제가 되지 않는다. 따라서 걱
정 말고 반려동물과 함께 신생아 시기를 보내도 된다. 자세한 내용은
뒤에서 항목별로 다시 언급하기로 한다.

아기가 태어나기 전

· 반려동물을 수의사에게 데려가서 정기검진을 받고 필요한 예방접종을 한다.

· 중성화수술을 시킨다. 일반적으로 중성화된 동물은 더 침착하고 무는 것도 덜하다. 중성화는 반려동물의 생식기 관련 질환도 예방할 수 있다.

· 담당 수의사, 소아청소년과 의사와 상담한다. 전문가의 조언은 예상되는 문제를 빠르고 쉽게 해결하는 데 도움이 된다.

· 반려동물이 이상행동을 한다면 전문가에게 미리 도움을 구한다.

· 반려동물의 발톱을 정기적으로 짧게 잘라서 관리한다.

· 개와 함께 교육, 훈련 수업에 참가한다.

· 아기가 있는 사람을 집에 초대해 반려동물이 아기에게 익숙해지도록 한다. 반려동물이 아기에게 어떻게 반응하는지 주의 깊게 관찰한다.

· 아기 울음소리가 녹음된 것을 틀어 주는 등 아기와 관련된 소리와 익숙해지도록 한다. 이때 같이 놀아주거나 간식 주기, 칭찬하기 등을 병행하면 아기 울음소리를 긍정적으로 받아들인다.

· 아기 방은 출입금지라는 것을 가르친다.

· 반려동물에게 아기에 대해 자주 이야기해 준다. 아기의 이름이 결정됐다면 아기의 이름을 꾸준히 부르면서 이야기한다.

· 엄마가 베이비 파우더나 베이비 오일을 발라서 반려동물이 새로운
  냄새에 적응하게 한다.
· 출산과 산후조리를 위해 집을 비우는 동안 반려동물을 돌봐줄 사람을
  미리 알아둔다. 친지나 이웃 등에게 몇 달 전부터 다짐을 받아두어야
  한다. 양수가 터진 후에 찾는 것은 너무 늦다.
· 아기 인형을 포대기에 안고 왔다갔다하면 포대기에 싸인 아기가 왔을
  때 긍정적으로 받아들인다.

아기가 집에 도착했을 때

· 출산 후 집에 오기 전에 아기 냄새가 배어 있는 이불이나 옷 등을 미
  리 집에 보내 반려동물이 냄새를 맡도록 하면 반려동물이 아기의 도착
  을 더 잘 준비할 수 있다.
· 집에 도착하면 오랜만에 엄마를 만나 흥분한 반려동물과 제대로 인사
  할 수 있도록 아기는 다른 사람이 안고 들어간다. 그래야 반려동물이
  아기 때문에 자기가 무시당한다고 생각하지 않는다.
· 엄마와 아기 옆에 반려동물이 차분히 앉아 있게 한 후 잘하면 칭찬과
  선물을 준다.
· 절대로 반려동물을 강제로 아기에게 들이밀지 말고 서로 자연스럽게
  반응하도록 놔둔다. 이때 주의 깊게 관찰해야 한다.
· 충분한 애정을 갖고 반려동물을 목욕시키고, 최소한 하루에 5~10분
  정도 빗질을 해주고 함께 놀아준다. 동물은 정해진 스케줄대로 살기
  때문에 자기 생활이 지나치게 극적으로 바뀌면 당황하고 화를 낸다.
  그러므로 동물에게 적절한 관심을 갖고 보살핀다.
· 반려동물의 장난감과 비슷한 장난감을 아기에게 주지 않는다. 자기 것
  과 비슷한 장난감을 아기가 갖고 놀면 반려동물은 혼란에 빠지고 화가

날 수 있다.

· 반려동물이 아기를 향해 이를 드러내거나 으르렁대면 강력한 명령으로 제지한다.

· 반려동물을 아기와 함께 눕혀 놓지 않는다. 본의 아니게 아기 얼굴에 올라가 숨을 막히게 할 수도 있다.

모든 적응에는 시간이 필요하다

부모는 새로 태어난 아기를 돌보는 일만으로도 힘들지만 가능하면 반려동물이 익숙해져 있는 일상이 크게 변하지 않도록 노력해야 한다. 하루에 5분만이라도 반려동물과 단 둘이서 즐거운 시간을 보내면 반려동물은 새로운 변화를 더 쉽게 받아들이고 더불어 부모도 편해질 수 있다. 아기와 반려동물 사이에서 항상 긍정적으로 상호작용을 하고 반려동물이 착하게 잘 행동하면 칭찬과 간식 등의 보상을 잊지 않는다. 반려동물이 교육을 잘 받은 상태이고 부모가 주의 깊게 관찰한다면 아기와 반려동물은 행복한 가족으로 안전하게 함께 잘 살 수 있다.

아기 성장에 따른 반려동물과의 생활법

1) 신생아기~백일

감각과 신경의 발달

신생아는 빛을 비추면 눈을 감고, 90° 이내의 범위 내에서 물건을 볼 수 있다. 2개월이 지나면 180°의 범위까지 가능해진다. 후각, 청각, 미각도 점차 섬세하게 발달한다.

운동의 발달

단단한 바닥에 엎어놓으면 머리를 좌우로 돌릴 수 있다. 2개월이 되면 엎드린 자세에서 고개를 몸과 수평으로 들 수 있고, 3개월이 되면 팔을 뻗어 머리와 가슴을 들 수 있다.

정신사회적 발달

생후 2~6주가 되면 낯선 사람과 친근한 사람을 구분할 수 있으며, 주위의 자극에 따라 미소 짓는다. 이 시기에 적절한 돌봄을 받아야 아기와 엄마의 애착이 제대로 형성되고 사회성에도 영향을 미치므로 많은 노력이 필요하다.

반려동물과 즐거운 육아

신생아와 반려동물의 직접 접촉을 금하고 서로를 익숙한 존재로 느끼도록 한다. 특히 반려동물에게 아기의 탄생은 낯선 존재가 자기 영역을 침범한 것으로 느낄 수 있기 때문에 반려동물에 대한 배려가 필요하다. 아기가 부모에게 소중한 존재라는 것을 느낄 수 있도록 아기와 함께 있을 때 부드럽고 행복한 분위기를 만들어 주어야 한다.

이 시기 아기는 연약하여 반려동물의 사소한 장난으로도 심한 손상을 입을 수 있다. 반려동물은 아기의 존재를 인식하지 못하고 누워 있는 아기를 밟고 뛰어가는 등의 문제를 일으킬 수 있으므로 보호자 없이 아기와 반려동물만 두는 일은 절대로 없도록 한다.

반려동물의 성격에 따라 함께 아기 돌보기를 할 수도 있다. 아기가 깨거나 울 때 알려주거나, 아기 옆에 낯선 사람이 오는지 지키는 것을 교육시킬 수 있다. 하지만 교육이 잘 되어 있지 않은 반려동물은 아기가 일어나 걷게 될 때까지 접촉을 피하는 것이 좋다.

2) 생후 4~6개월

감각과 신경의 발달

소리가 나는 방향을 알아챌 수 있으며, 귀에 익은 목소리를 구별할 줄 알고, 음악을 들으면 즐거워한다. 물체를 따라 손을 움찔거리고 손에 쥐어 주면 잠시 동안 잡을 수 있다.

운동의 발달

엎드린 자세에서 누운 자세로, 누운 자세에서 엎드린 자세로 몸을 뒤집을 수 있다. 빠른 아이들은 이 시기에 배를 밀면서 기기도 한다.

정신사회적 발달

주위 사람이나 사물에 관심이 많아진다. 4개월이 되면 웃음과 울음으로 기분을 표현할 수 있다. 6개월에는 엄마와 가족에게 애착을 나타내고, 낯선 사람이 가까이 오면 불안감을 느낀다.

반려동물과 즐거운 육아

아기가 스스로 움직일 수 있게 되면서 반려동물과 아기의 접촉이 본격적으로 시작되는 시기이다. 아기는 반려동물을 익숙하고 친근하게 느껴서 관심을 갖게 되고, 반려동물의 사소한 행동에도 까르르 웃는 등의 반응을 보인다.

반려동물이 아직 아기를 가족으로 받아들이지 못했다면 이 시기부터 스트레스를 많이 받아 피부병 등 평소 앓던 질병이 악화되기도 하고 평소 하지 않던 행동을 보이는 등 퇴행현상을 보이기도 한다. 그러므로 아기, 반려동물과 함께 즐거운 시간을 많이 가져 반려동물도 아기와 함께하는 시간이 행복하다고 느끼도록 해야 한다. 반려동물은 같은 시간에 일어난 일을 연동하여 생각하므로 '아기와 함께 있는 시간 = 즐거운 시간'으로 기억될 수 있도록 노력한다.

감각과 신경의 발달

7개월이 되면 손에 잡은 물체를 다른 손으로 옮겨쥘 수 있다. 12개월에는 작은 물체를 엄지와 집게손가락을 이용해 정확히 집을 수 있다.

운동의 발달

8~9개월에는 도움 없이 혼자서 앉을 수 있고, 9~10개월에는 배밀이를 하거나 기어다닐 수 있다.

언어의 발달

8~9개월에는 자기 이름 부르는 소리를 인식하고, 12개월에는 '엄마'나 '아빠' 외의 한두 단어를 더 사용할 수 있다.

정신사회적 발달

엄마와 떨어지지 않으려 하고, 기어서 엄마를 쫓아다닌다. 물건을 이불이나 수건에 감추면 찾을 수 있다. 즉, 눈에 보이지 않는 것도 존재한다는 개념이 생기는 시기이다. 돌이 되면 부모나 다른 식구와의 감정적 애착관계가 확고해지고 자아가 강해진다.

반려동물과 즐거운 육아

이 시기는 아기의 면역력이 일생 중 가장 약한 때이다. 감기나 장염에 잘 걸리고, 폐렴 등으로 쉽게 번진다. 마트, 지하철 등 사람이 많은 곳은 피하고, 외출 후 돌아오면 부모도 아기도 손을 깨끗이 씻는다. 반려동물도 산책을 하고 돌아오면 아기와 접촉하기 전에 깨끗이 닦고, 구강관리, 대소변관리 등 위생관리를 더 철저히 해야 한다.

아기가 마음대로 기어다니면서 반려동물과의 접촉도 점점 잦아진다. 아기들은 반려동물의 귀, 꼬리, 털을 잡아당기고, 눈을 만지려고 한다. 발을 잡아 자기 입에 넣으려고도 한다.

아기가 이유식을 먹으면서 반려동물이 먹는 것에 관심을 보이고 뺏어 먹으려고 하는 경우도 있다. 반려동물이 밥을 먹을 때 아기가 손을 대거나 심하게 괴롭히면 으르렁거리거나 무는 경우가 있으므로 매우 위험하다. 사소한 사건사고가 많이 일어나므로 부모의 주의가 가장 필요한 시기이다. 만지고 털을 잡아당기고 자기 것을 뺏는 아기와 함께 지낸다는 것은 반려동물에게도 큰 스트레스이다.

아기와 반려동물이 함께 있을 때 절대로 눈을 떼서는 안 되고 잠시라도 자리를 비울 때면 반드시 반려동물을 격리시킨다. 반려동물이 아기를 피해서 쉴 수 있는 자기만의 공간이 있으면 더 편안한 마음으로 아기와 지낼 수 있다.

4) 생후 1~2년

운동의 발달

돌이 지난 아기는 혼자 힘으로 자유롭게 움직일 수 있어서 15개월이면 혼자 걸을 수 있고, 18개월에는 뒤뚱뒤뚱 뛰어다닐 수 있다.

언어의 발달

언어의 발달은 주변 환경, 성장상태, 유전적 특성에 따라 개인차가 큰 편이다. 18개월 때는 어휘가 10개 정도로 늘어나고, 아무 뜻 없는 조잘거림을 하는 경우도 있다.

정신사회적 발달

돌이 지나면 주위의 모든 환경이 호기심의 대상이다. 쓰레기통, 서랍, 선반 등을 뒤지기도 하고, 탐구대상을 입에 넣기 때문에 약물 등에 따른 사고가 많으므로 주의한다. 주위 사람을 흉내 내면서 많은 것을 배운다.

반려동물과 즐거운 육아

돌이 지나면 감염에 대한 위험성이 급격히 줄어든다. 이 시기 아기가 자꾸 밖으로 나가고 싶어 하면서 반려동물은 오히려 집에 갇히는 경우가 많다. 뒤뚱뒤뚱 걷는 아기와 반려동물을 함께 산책시키기란 힘들기 때문이다. 그러므로 이 시기에는 반려동물의 산책을 담당해 줄 가족이 있어야 한다.

아기가 혼자 일어설 즈음 아기와 반려동물의 서열을 정리해 주어야 한다. 부모는 반려동물이 아기를 무시하지 않도록 신경을 써야 한다. 아기는 소중한 존재이고 위협하면 안 된다는 것을 일상생활에서 가르치면서 서열을 잡을 수 있는 반려동물 교육을 함께 해야 한다. 관계가 정리되면 서로 스트레스도 줄고 사이도 좋아진다.

돌이 넘은 아기는 어른을 흉내 내기 시작하면서 사회생활을 하는 데 필요한 기술을 익힌다. 그러므로 아기에게 반려동물과 잘 지내는 법을 가르쳐 주는 것이 가능하다. 쓰다듬으면서 애정을 표현하는 법, 반려동물이 장난을 걸 때 받아주는 법 등을 부모가 시범을 보이면서 가르친다.

중요한 것은 반려동물은 장난감이 아니라 사랑해 주어야 할 대상임을 가르치는 것이다. 이 시기 아기들은 어른의 행동을 그대로 따라하기 때문에 어른들이 반려동물에게 험하게 대하거나 공격적인 말을 하는 것을 그대로 배우다가는 자칫 사고가 날 수 있다. 반려동물을 험하게 다루고 생명을 무시하는 아이로 자라게 될지, 동물을 아끼고 사랑하는 아이로 자라게 될지는 전적으로 어른에게 달려 있다.

5) 3~6세

신체기능과 운동의 발달

5~6세경이 되면 성인의 정상 시력에 도달하고, 심박수와 호흡수가 성인의 평균치에 근접한다.

언어의 발달

3세가 되면 자기의 나이와 성별을 말할 수 있고, 부모의 말과 행동을 그대로 따라한다.

정신사회적 발달

3세 때는 혼자 힘으로 걷고 말하고, 독립심이 생겨 자기 마음대로 행동하고 싶어 해서 부모와 마찰이 생기는 경우가 많다. 형제간에도 친하면서도 경쟁하는 상반된 감정이 생기는데 그때 두 감정 사이에서 균형을 이루고 처리하는 능력을 기르게 된다.

반려동물과 즐거운 육아

이 시기 아이들은 완전히 독립된 인격체가 되므로, 아이와 반려동물은 그 전과 다른 새로운 관계를 형성한다. 이때부터는 반려동물을 돌보는 일에 아이가 부분적으로 참여할 수 있다. 함께 밥 주기, 산책하기, 목욕시키기, 털 빗겨 주기, 놀아주기 등 부모와 아이가 함께할 수 있는 일을 시작으로 하나하나 가르친다. 이 과정에서 아이는 반려동물은 돌봐주어야 하는 존재이며, 책임져야 할 생명임을 자연스럽게 배우게 된다. 이때 배운 생명의 소중함은 이후 인격형성과 원만한 인간 관계에 바탕이 된다.

7세 이전의 아이는 죽음에 대한 개념을 모른다. 따라서 이 시기에 반려동물이 죽음을 맞게 된다면 아이가 받아들일 수 있는 수준에서 설명해 주어야 정신적 상처를 줄일 수 있다.

4장

반려동물과 육아에 관한 13가지 오해

신생아 때는 여러모로 신경을 많이 써야 하는 시기이다. 이제 막 세상에 나와 적응을 시작하는 연약한 상태이기 때문이다. 하지만 그 짧은 신생아기 때문에 특별히 문제가 있는 것도 아닌 반려동물을 버리는 것은 의미가 없는 일이니 어떻게 그 시기를 현명하게 보낼지를 아는 것이 더 중요하다.

신생아란 생후 4주까지의 아기를 말한다. 이 시기는 신생아가 엄마 자궁을 떠나 새로운 환경에서 생존하기 위한 생리적 적응 현상이 완성되어 가는 단계이므로 특히 조심해야 한다. 조상들이 삼칠일 동안 외부인 출입을 자제했던 것도 이와 맞닿는 것이다.

이 시기 신생아는 감염에 대한 면역반응 능력이 떨어지므로 가벼운 감염으로도 패혈증 등의 심각한 질환으로 발전할 수 있다. 저체중으로 태어난 경우, 출산 예정일보다 지나치게 일찍 태어난 경우, 조기 진통이나 조기 양막파수 등으로 출산과정에 문제가 있었던 경우라면 감염에 더 취약하다.

요즘 신생아들은 대부분 병원에서 출생하여 3~7일 후 퇴원한다. 곧장 집으로 가는 경우에는 집에서 신생아기를 보내지만 산후조리원을 이용하면 신생아기를 대부분 산후조리원에서 보낸다. 산후조리원에서의 생활은 간혹 집단감염의 우려가 있지만 대체적으로 집 환경보다 위생적이고, 산후조리원이 병원 내에 있는 경우이거나 산후조리원 내에 의료진이 있는 경우라면 아기에게 문제가 생겼을 때 의료진에게 빠르게 진료를 받을 수 있다는 장점이 있다.

자연분만을 하고 바로 집으로 온 경우라면 생후 3일부터 아기는 새로운 집 환경에 적응해야 한다. 아직 연약해서 어른들은 걱정이 많겠지만 앞에서 말했듯이 일반적인 위생관리만 잘 되어 있다면 걱정할 필요 없다. 단, 38주 이전에 출생했다면 각별한 주의가 필요하다.

가족들은 신생아를 만지거나 안아 줄 때 손을 깨끗이 씻어야 한다. 특히 외출했다가 귀가했을 때는 비누로 팔꿈치까지 깨끗이 씻는다. 외부에서 각종 균을 묻혀 왔을 수 있기 때문이다. 또한 이 시기에는 외부인의 출입을 자제하는 것이 좋고, 신생아와 한 공간에 너무 많은 사람이 함께 있는 것도 좋지 않다. 정기적인 청소와 환기 등 일반적인 위생관리도 지켜져야 한다.

그렇다면 신생아가 반려동물과 한 공간에서 지내는 것은 어떨까? 반려동물이 보유한 균이 가족들과 크게 다르지 않기 때문에 유난을 떨 필요는 없다. 사람이 손을 자주 씻듯이 반려동물이 목욕과 미용 등으로 깨끗한 상태를 유지하고 있다면 문제될 것은 없다.

하지만 신생아기에 반려동물과 신생아의 직접 접촉은 막는 것이 좋다. 사람은 매번 손을 씻지만 반려동물은 매번 그럴 수 없으므로 일단 직접 접촉을 최소화하거나 격리하는 방법도 있다. 또한 이 시기에는 반려동물의 외출도 자제하는 것이 좋다. 외부의 균을 집에 들여

올 가능성이 있기 때문인데, 외출 후에 바로 목욕을 시킨다면 괜찮다. 또한 만일의 사고를 대비해 반려동물과 신생아만 한 공간에 두고 부모가 자리를 비우는 일은 없어야 한다.

신생아가 있는 집의 위생관리

1. 산모와 아기가 집에 오기 전에 집 안을 깨끗이 물청소한다. 침구는 세탁하고, 세탁할 수 없다면 잘 털어야 한다. 카펫은 사용하지 않는 것이 좋다.
2. 반려동물은 미리 털을 짧게 밀어둔다.
3. 가족이 외출했다 오면 반드시 손을 씻어야 한다. 비누로 팔꿈치까지 씻고, 손가락 사이사이까지 세심하게 닦는다.
4. 생후 4주까지 외부인의 출입을 자제한다. 특히 손님을 한꺼번에 초대하는 것은 좋지 않다.
5. 단모종의 반려동물을 키우는 경우 털이 많이 빠지기 때문에 일주일에 두 번 이상 청소하고, 공기청정기를 사용하는 것을 고려한다. 가습기는 세균 감염의 우려가 있으므로 습도 조절은 젖은 수건을 이용하는 것이 좋다.
6. 아기와 동물의 직접적인 접촉을 피한다. 또 항문의 세균이 옮겨 붙을 가능성이 있으므로 아기가 주로 지내는 자리에 반려동물이 앉지 않도록 자제시킨다.
7. 반려동물이 산책을 다녀오면 반드시 목욕을 시킨다.

　　　　　개나 고양이를 키울 때 문제 중 하나는 '털'이다. 동물에게서 빠진 털이 날려 아기에게 해를 입힌다는 것이다. '개 키우는 집 아기가 죽어서 부검을 해봤더니 개털이 기도를 막았다. 폐를 막아서 숨이 막혀 죽었다.'는 말은 유명 연기자의 이름까지 거명되며 진실처럼 떠돌았고, 심지어 개털이 뇌, 심장에 침입해 죽었다는 이야기도 있다. 굳이 의학 공부를 한 사람이 아니어도 이런 괴담은 설득력이 전혀 없는 말인데도 실제로 믿는 사람이 많다. 사람의 인체 구조가 그토록 허술해서야 어디 70~80년을 살 수 있겠는가.

　인간의 장기는 외부로부터 완전히 닫혀 있는 장기와 외부와 소통하는 장기로 구분할 수 있는데 외부와의 소통이 필요 없는 장기는 대부분 몇 겹의 보호장치로 싸여 철저히 폐쇄되어 있다. 가장 철저히 보호되고 있는 장기가 바로 뇌와 심장이다. 뇌는 우리 몸에서 가장 중요하면서도 가장 연약한 장기(실제로 해부해 보면 마치 찌개용 두부처럼 말랑말랑하다)이기 때문에 가장 두껍고 무쇠보다 강하다는 두개골로 싸여 있고, 그 안에 웬만한 소가죽보다도 질긴 경막이라는 막으로 또 한 번 싸여 있다. 거기에 혈관과 연막으로 이루어진 장벽이 다시

한 번 뇌를 감싸서, 세균은커녕 바이러스조차 뇌막을 뚫지 못한다.

심장 또한 마찬가지이다. 외부에서 침입한 이물질이 정맥을 통해 심장으로 갈 수 있다면 사람은 개털 이전에 수많은 먼지와 세균 때문에 살아남을 수 없다.

외부와 소통하는 장기는 호흡기와 소화기, 즉 폐와 위장이 대표적이다. 인간은 이 장기를 통해 외부로부터 물질을 받아들여야 생존할 수 있다. 또 물질을 외부로 배출하는 비뇨기와 여성의 생식기도 부분적으로 외부와 통해 있다. 이런 장기는 외부와 소통하는 장치와 나쁜 물질이 외부로부터 침입하는 것을 막는 장치를 모두 갖추고 있다.

개털과 고양이털에 대해 이야기할 때 늘 논란거리로 등장하는 폐는 수십 가지의 보호장치를 갖고 있다. 외부 이물질이 호흡기로 들어가면 비강, 후두, 인두, 기관을 지나는 과정에서 모두 처리되고 기관지, 세기관지, 모세기관지, 폐포에는 거의 도달하지 못한다. 만약 동물 털이 코로 들어간다면, 가장 먼저 거쳐야 할 장벽이 바로 콧속의 코털이다. 코털은 체와 같은 역할을 하여 눈에 보이는 먼지의 대부분을 걸러낸다. 따라서 동물 털은 대부분 이 장벽조차 통과하기 어렵다.

운이 좋으면 코 안의 뒤쪽에 있는 텅 빈 공간인 비강까지 들어갈 수 있다. 비강 벽에는 수많은 섬모가 있으며 끈적끈적한 점액이 깔려 있어서 코털에서 걸러지지 않은 먼지를 잡는다. 개, 고양이 털을 포함하여 눈에 보이는 크기의 먼지는 비강에서 최후를 맞는다. 만약 코가 막혀서 입으로 숨을 쉬다가 털이 넘어갔다고 해도 후두에도 비강과 같은 구조가 있으므로 결국 기관지에 다다르기 전에 다 처리된다.

그렇다면 코털과 비강에서 걸린 동물 털은 어디로 갈까? 그대로 기관지로 넘어갈까? 그렇지 않다. 점액과 뭉쳐진 이물질은 후두를 거쳐 우리가 흔히 '재채기'라고 하는 강력한 방어작용을 통해 밖으로 배출되고 배출되지 못한 것은 후두 뒷벽을 타고 식도로 넘어간다. 소화기로 넘어가면 '위산'이라는 강력한 소독제를 만나게 된다. pH 2 정도로 청소용 살균소독제보다 더 강력한 이 산성 위산은 동물 털 정도의 단백질은 순식간에 분해해 버린다. 그러므로 동물 털이 이런 난관을 모두 뚫고 폐에 도달한다는 것은 불가능하다.

폐에 유해물질이 쌓이는 것이 무섭다면 눈에 보이는 동물 털을 두려워할 것이 아니라 미세먼지를 두려워해야 한다. 화학물질, 유해물질이 폐에 쌓이는 데 가장 중요한 요인은 바로 '입자의 크기'이다. 폐에 쌓이는 물질의 크기는 0.5~5.0㎛ 사이이다. 0.5㎛보다 작으면, 즉 세균 정도의 크기는 일단 폐에 부착되었다가도 호흡운동에 의해 다시 밖으로 배출되거나 면역세포에 의해 처리되고, 5.0㎛보다 큰 동물의 털은 앞에서 말한 재채기를 통해 비강이나 후두에서 걸러지거나 식도를 통해 위로 넘어가게 된다. 대기 중의 미세먼지, 석면, 각종 중금속이 바로 0.5~5.0㎛ 크기이기 때문에 인체에 치명적인 영향을 미치는 것이다.

강아지, 고양이에게 털이 있다면 사람에게는 각질이 있다. 동물의 털이 날리는 것만큼 하루에 사람에게서 떨어지는 각질의 양도 상당하다. 각질에 온갖 오염물질, 세균이 붙어 있으며 역시 아기의 호흡기나 입을 통해 들어갈 수 있다. 또한 각질은 아토피의 원인 중 하나인 집먼지진드기의 먹이가 된다. 그럼에도 불구하고 사람들이 위험하다고 느끼지 않는 것은 눈에 보이지 않기 때문이다.

이렇게 실제로 인체에 나쁜 영향을 끼치는 물질은 우리 눈에 보이지 않는다. 눈에 보이지 않는 정말 위험한 것은 잊고 살면서 눈에 보이는 동물의 털에만 호흡기 질환의 누명을 씌워서는 안 된다. 눈에 보이는 동물 털이든 눈에 보이지 않는 각질이든 그런 것들을 신경쓰고 탓만 하고 있을 것이 아니라 아기가 있는 집에서는 자주 청소하고 환기하면서 깨끗한 환경을 만들어 주는 것이 더 중요하다.

물론 아기의 호흡기 방어장치는 어른보다 미숙하고 약하다. 점막 두께가 얇고 안정성이 성인에 비해 떨어져 2차적 세균 감염이 잘 일어나며, 알레르겐(알러지 유발 물질)의 유입도 쉽다. 그렇다고 5.0㎛ 이상의 큰 입자인 동물 털이 아기의 호흡기에 더 잘 침투할 수 있는 것은 아니다. 코털과 점막의 점액과 섬모는 출생 시 완벽하게 갖춰지기 때문에 병적인 상태가 아니라면 성인과 마찬가지로 호흡기에 들어온 이물질을 제거할 수 있는 능력이 있다. 그래야 출생과 동시에 곧바로 노출되는 온갖 먼지로부터 스스로를 보호할 수 있기 때문이다. 그러므로 신생아는 세균이나 바이러스와 같은 미생물에 대한 방어는 아직 불완전하나 개털이나 먼지와 같은 물리적 입자에 대한 방어는 성인과 같은 수준이다.

그렇다면 신생아와 영유아의 호흡기를 건강하게 유지하기 위해 부모가 어떤 환경을 만들어 주면 좋을까? 가장 중요한 것은 적절한 습도로 50~60%가 적당하다. 또 가족의 위생관리를 철저히 하고 사람이 많은 곳, 불결한 곳에 가는 것을 삼가야 한다. 아이가 만 7세가 되면 모든 호흡기 방어기능이 성인 수준에 도달하므로 걱정하지 않아도 된다.

참고로 소아에게 있는 정신적 문제로 '발모벽'이라는 것이 있다. 자기 머리카락을 뽑아서 먹는 것인데, 흔하지는 않지만 그렇다고 아주 드물지도 않은 증상이다. 일시적으로 심한 스트레스를 받았을 때 나타나는 경우가 많은데, 이때 삼킨 머리카락이 위장까지 가더라도 그 자체로 문제를 일으키는 일은 드물다. 사람의 머리카락은 동물의 털보다 훨씬 굵고 강하지만 강력한 위장의 소화력에 의해 대부분 분해되기 때문이다. 그러니 반려동물의 털에 대한 우려는 이만 내려놓아도 좋을 것이다.

반려동물을 키우다 보면 주위에서 "동물한테 기생충 옮아, 키우지 마. 그런 더러운 걸 왜 키워?" 하는 말을 많이 듣는다. 예전에 마당에 묶어 놓고 남은 밥이나 주면서 아무 관리도 해주지 않던 시절도 아니고 구충도 꼬박꼬박 하고 목욕과 위생에 신경쓰면서 실내에서 함께 사는 반려동물인데도 이런 이야기를 듣는다. 처음에는 불쾌해하며 한 귀로 흘려 보내지만 임신을 하거나 아기가 태어나면 괜히 불안해지는 것이 부모의 마음이다. 과연 반려동물로부터 기생충에 감염될 수 있을까?

사람과 개, 고양이는 체내 환경이 많이 다르다. 치명적인 바이러스 종류도 다르고 몸속에 상존하는 세균도 다르다. 예를 들어 파보바이러스나 디스템퍼(개홍역)는 개에게는 생명을 위협하는 치명적인 바이러스이지만 사람에게는 전혀 영향을 끼치지 않는다. 또 천연두 바이러스는 사람에게는 치명적인 바이러스이지만 개에게는 전혀 위험하지 않다. 이와 마찬가지로 개나 고양이에서는 생존하고 번식하던 기생충도 사람 몸에 들어오면 부적합한 생활환경 때문에 성충으로 발달하지도 번식하지도 못하고 체내를 떠돌다 결국 죽는다. 알에서 부화된 유충은 장내에서 살지 않고 우리 몸 전체로 이동하다가 성충이 되려고 다시 장으로 돌아오는데, 이를 유충체내이행증(larva migrans)이라고 한다.

사실 동물로부터 옮는 기생충이 두렵다면 개, 고양이 기생충보다 더 위험한 것이 해산물을 생식하며 얻는 기생충 감염이다. 특히 우리나라 사람들이 많이 먹는 오징어, 낙지, 명태, 넙치(광어) 등을 회로 먹었을 때 감염될 수 있는 고래회충은 구충제로도 예방이 잘 안 되고 심한 경우 위나 장을 뚫고 돌아다니기 때문에 위험하다. 그러니 기생충 감염이 두렵다면 반려동물을 탓할 것이 아니라 자신의 식생활에 신경을 써야 한다.

아기라고 해서 외부 기생충에 더 적합한 숙주가 되는 것은 아니므로 집에 아기가 있다고 해서 개, 고양이 기생충 관리 원칙이 크게 달라지지는 않는다. 반려인들이 상식처럼 알고 있는 구충제를 정기적으로 먹이면 된다.

반려동물에게 기생하는 내외부 기생충과 예방법에 대해 알아보자.

① 개회충

개회충은 주로 개의 간과 소장에 기생하는 기생충이다. 개가 있는 곳이라면 어디나 있기 때문에 전 세계적으로 분포하나 특히 온대지방에 많다. 개회충이 사람에게 옮는 경로는 크게 두 가지로 익히지 않은 고기(육회, 소간, 천엽 등)나 사슴피 등을 섭취했을 때 2기 유충이 체내로 유입되는 경우와 개회충에 감염된 개의 대변을 통해 배출된 감염성 충란이 개털이나 흙에 존재하다가 채소를 섭취하거나 사람의 손을 통해 입으로 감염되는 경우이다.

개회충이 사람 몸에 들어오면 혈류를 타고 일차적으로 간으로 이행하여 2주 정도 생존하나 대부분 성충으로 발육하지 못하고 죽는다. 하지만 중증의 감염일 경우에는 장, 신장 등으로 옮겨가 발열, 기침, 발진 등의 염증성 반응을 일으킬 수 있다. 또 아주 드물지만 심한 경우 눈으로 옮겨가서 실명을 일으키거나 뇌에 침입하여 뇌경색 등을 일으킬 수 있다. 중증으로 이행되어 전신증상이 발생하느냐 발생하지 않느냐의 여부는 전적으로 몸에 들어온 개회충의 수에 달려 있다. 많이 유입됐을 경우 중증으로 될 가능성이 높아진다.

하지만 대량의 개회충이 한꺼번에 유입되는 경우가 아니라면 대부분 간에서 모두 사멸되어 자각 증상 없이 치유된다. 그런데 대량의 개회충을 섭취하는 것은 개나 고양이를 접촉했을 때보다는 소나 닭의 간을 생식했을 때 훨씬 가능성이 높다.

검사상 감염이 의심되면 의사의 처방에 따라 일반적인 구충제를 사용하는 것으로 쉽게 치료할 수 있다.

언론 보도의 영향으로 흙에서 노는 5세 이하의 어린이에게 많이 나타나는 것으로 알려져 있으나, 1995년부터 2001년까지 삼성서울병원과 성애병원에서 개회충 2기 유충 감염으로 진단받은 환자 51명을 분석한 결과 대부분 중년 남성이었고, 76%가 증상이 발생하기 6개월 이내에 소간, 천엽, 육회, 드물게는 오리 간, 거위 간을 생식한 경력이 있었다. 환자 중 반려동물을 키우는 경우는 6명이었는데 직업적으로 접촉한 사람은 없었다. 또 가천의대병원에서 1998년부터 2003년까지 시행한 연구에서 개회충 감염 의심 환자 12명 중 8명이 생간, 천엽, 육회 등을 생식한 경력이 있었으며 반려동물을 키우는 경우는 1명뿐이었다.

이것으로 보아 우리나라의 개회충 환자 발생원인은 주로 생식에 따른 것으로 보인다. 반려동물의 개체수가 많기로 유명한 미국 뉴욕 시 전체의 개회충증 환자가 1990년대를 통틀어 단 3명이었다는 것도 개회충 감염이 반려동물과 연관성이 적다는 추론을 뒷받침한다.

그러므로 개회충 감염이 두렵다면 반려동물을 버릴 것이 아니라 생식을 즐기는 식습관을 고치는 것은 물론 아이들에게도 먹이지 않는 것이 우선이다. 또 집에서 키우는 반려동물에게 구충제를 정기적으로 먹인다면 개회충 걱정에서는 완전히 해방될 수 있다.

국내 개회충에 대한 공포는 어린이가 놀이터 모래에서 논 후 개회충에 감염되어 실명된 사례가 있다고 언론에서 보도하면서 시작되어 10년 가까이 지속되고 있다. 그런데 외국도 이런 경우가 있다. 2010년 8월, BBC를 비롯한 몇몇 영국 언론이 맨체스터 시티에서 어린 소녀 에이미 랭던이 놀이터에서 논 후 발생한 안구봉와직염으로 실명하고 안구적출까지 하게 되었는데, 그 원인이 개회충이라고 지목했다. 보도에 따르면 에이미는 놀이터에서 놀던 중 개의 대변 위로 넘어졌고, 엄마가 바로 집으로 데려가 깨끗이 씻겼으나 눈 주위가 점점 부풀어오르며 발열과 심한 염증이 생겨 치명적인 상태에 이르렀으며 병원 검사상 개회충으로 확진되었다고 했다.

그러나 기사에는 개회충이라 판단할 만한 의학적인 근거나 주치의 인터뷰도 없었다. 개회충은 섭취에 의해서만 인체로 유입되며, 직접 접촉으로는 절대로 감염되지 않고, 섭취된 유충은 일단 먼저 간으로 갔다가 다시 혈류를 타고 전신으로 옮겨가 대체로 수 개월 후 증상이 나타나기 때문에 이 경우처럼 72시간 내에 감염을 일으킬 수 없다. 또한 개회충에 의한 실명은 에이미의 경우처럼 발열과 심한 염증을 보이지 않는다.

미국 겔프대학의 병리생물학과 스코트 위즈 교수는 에이미가 급성으로 발열이 동반된 심한 염증을 보였다는 점, 항생제 치료로 상태가 호전되었다는 점을 들어 보도와 달리 세균감염에 의한 실명이었을 것으로 추정하며 개회충 감염 가능성을 반박했다.

분명 개회충에 오염된 흙을 만진 후 손을 씻지 않고 음식을 먹었을 경우에는 개회충에 감염될 위험이 있다. 그러므로 어린이들이 흙에서 논 후에는 반드시 손을 깨끗이 씻고 음식을 먹도록 교육하는 것이 필요하다. 그러나 충분히 예방 가능한 일이므로 자극적인 언론보도에 휩쓸려 두려워할 필요는 없다.

② 개구충(개십이지장충)

개구충은 개회충과 달리 피부로 침입하며, 미국처럼 반려동물을 많이 키우는 나라에서는 1년에 수천 건의 감염이 확인된다. 유충이 사람의 피부로 침입한 경우 부적합한 환경을 견디지 못하고 피부 밑으로 며칠 동안 돌아다녀 가려움증을 유발한다. 이런 상태를 '유충의 피부이행'이라고 한다. 길어도 몇 주 내에 저절로 사라지지만 성충은 사람의 위장관에 침투해 만성 위장관 염증을 유발하기도 한다. 반려동물에게 정기적으로 구충하면 예방, 치료할 수 있다.

③ 개편충

개에게는 혈변 등을 일으키며 매우 치명적인 기생충이지만 사람은
감염되지 않는다.

④ 개조충, 개촌충

개, 고양이 소장에 기생하는 기생충으로 유충이 들어 있는 개벼
룩, 개이 등에 의해 옮겨져 사람의 위장관에 산다. 반려동물 벼룩 구
제로 예방 가능하며 익지 않은 고기를 먹지 않아야 한다.

⑤ 개심장사상충

모기로 옮기는 사상충으로 심장에 기생하여 개의 생명을 위협하는
치명적인 기생충이다. 모기가 출현하는 시기에 약을 정기적으로 먹
이는 것으로 예방 가능하다. 사람은 모기가 물어서 감염되더라도 심
각한 질병으로 발전하지 않는 것으로 알려져 있다.

① 고양이간흡충

개, 고양이가 민물고기를 생식했을 때 감염되지만 사람이 옮지는
않는다. 개, 고양이, 사람 모두 민물고기를 날로 먹지 않는 것이 예방
법이며, 감염된 경우 쉽게 치료가 가능하다.

② 고양이회충

개회충과 형태, 특징, 감염경로, 임상양상, 치료법이 거의 비슷하다. 구충만 정기적으로 한다면 아무 문제도 없다.

① 벼룩 및 진드기 감염증

벼룩이나 진드기는 사람에게 전염되는 다양한 질병을 매개하는 외부 기생충이다. 사람에게 옮을 수 있으므로 개에게 벼룩이나 진드기가 생기지 않도록 예방해야 한다. 특히 아이들은 개벼룩에 노출되지 않는 것이 좋다. 외부 기생충 구제약을 정기적으로 사용해 예방해야 한다. 진드기가 예상되는 곳에서의 산책을 피하고 진드기가 개의 몸에 붙었을 경우 손으로 제거하지 말고 병원을 찾아야 한다.

② 개옴

개, 고양이에 기생하는 옴진드기는 사람의 옴진드기와 종류가 다르다. 사람에게도 감염되어 동물과 비슷한 증상인 가려움, 자극성 피부병변 등을 보이지만, 2~3일 후 곧 사라진다. 개나 고양이는 옴 구제제로 치료가 가능하며 사람에게 나타나는 증상도 자연적으로 치료되므로 문제가 되지 않는다.

반려동물에게 정기적으로 구충을 한다면 반려동물의 내외부 기생충은 사람에게는 위협적이지 않다. 개나 고양이에게 구충제를 먹이고 바르는 것은 동물을 보호하기 위해서이기도 하지만 사람의 안전을 위해서이기도 하다. 또한 반려동물에게 생식을 시키지 않고 가공된 사료, 익힌 음식, 마른 간식만 먹인다면 더욱 걱정할 필요 없다. 그러므로 반려동물에게 생식을 먹였던 가정도 임신, 육아 기간에는 반려동물의 식생활에 변화를 주는 것이 좋다.

사람들의 기생충 감염은 식습관이 가장 큰 영향을 끼친다. 특히 육회나 회 등 고기나 생선의 생식은 큰 문제가 된다. 유달리 생식을 좋아하는 우리나라 사람들의 식습관 때문에 기생충 감염이 지속적으로 발생하고 있다. 생으로 먹는 음식보다 익힌 음식을 먹는 것이 좋고 사람도 구충제를 정기적으로 복용해야 한다. 사람이나 반려동물이나 구충만 제대로 하면 기생충에 대해서는 걱정하지 않아도 된다.

배설물로 전염되는 질병 예방 생활법

1. 반려동물의 배설물을 자주 깨끗하게 치운다.

2. 흙에서 논 후에는 아이들의 손을 깨끗하게 씻는다.

3. 개나 고양이가 많이 사는 지역의 흙에서는 맨발로 놀지 않는다. 특히 따뜻하고 습한 날씨에는 개구충이 많다.

4. 아이들이 반려동물과 놀거나 흙에서 노는 동안 입에 손을 넣지 못하도록 교육한다.

5. 음식을 먹기 전에는 항상 손을 깨끗하게 씻는다.

6. 반려동물과 사람 모두 구충제를 정기적으로 복용한다.

개나 고양이에게 피부병이 옮는다는 말은 털과 세균 문제와 더불어 끈질기게 반려인을 압박하는 말이다. 과연 그럴까?

사람과 동물의 신체 구조 중에서 다른 곳은 한두 가지가 아니지만 그중에서도 특히 다르게 발달한 부분이 바로 피부이다. 개와 고양이의 피부는 털이 많은 대신에 각질층이 거의 없고 땀샘도 없다. 반면에 사람은 동물의 비늘, 털, 가시 대신에 매우 두꺼운 각질층이 피부 표면을 보호하고 있다. 마치 벽돌과 회반죽이 결합하듯이 단단하게 엮인 단백질 구조로 되어 있는 사람의 피부는 세균과 온갖 오염물질로부터 인체를 보호하고 더불어 수분 등의 필요물질이 체외로 빠져나가는 것을 막는다.

이런 이유로 동물의 피부병은 대부분 사람에게 옮지 않는다. 개나 고양이에게 피부병을 일으키는 원인 미생물이 사람의 두꺼운 각질층에서 생존할 수 없기 때문이다. 따라서 개나 고양이, 사람에게 나타날 수 있는 피부질환은 각기 양상이 다른 질환이며, 기생충과 감염성 피부병도 종류가 전혀 다르다.

개나 고양이에게 피부병을 일으키는 피부 기생충으로는 개이, 개벼룩, 개진드기, 개옴진드기(개선충), 모낭충 등이 있다. 그러나 개벼룩, 개이, 개진드기, 개옴 등의 이름이 따로 붙어 있는 것에서 보듯이 사람에게 기생하는 것과 종 자체가 다르고, 행여 개진드기가 사람 몸에 옮겨 붙었더라도 일시적인 가려움증만 유발할 뿐 앞에서 설명한 피부 구조의 차이와 두꺼운 각질층 때문에 곧 죽는다.

개와 고양이에게 가장 흔한 피부질환으로 말라세치아라는 곰팡이성 피부병이 있다. 말라세치아는 모든 사람과 개, 고양이의 정상적인 피부에 항상 존재하는 균이다. 평소 사람이나 동물의 모낭 속에 잠재해 있다가 땀이 많은 여름철이나 습기가 많은 장마철, 목욕하고 제대로 말리지 않을 경우 등 덥고 습한 환경에 노출되었을 때 피부질환을 일으킨다. 이외 당뇨병이나 면역이 떨어진 경우에도 활성화될 수 있다. 따라서 말라세치아 피부병은 반려동물에게서 옮는 것이 아니라 환경에 따라 사람의 피부 속에 있던 것이 스스로 발병하는 것이다. 그러므로 반려동물이 말라세치아 피부병에 걸렸다고 격리시킬 필요는 없다.

물론 반려동물에게서 사람으로 옮을 수 있는 피부병이 있지만 대부분 쉽게 사라지며 정기적으로 목욕을 시키고, 털관리가 잘된 실내에서 키우는 반려동물에게서는 잘 나타나지 않는다. 반려동물에게서 옮을 수 있는 피부병은 대부분 곰팡이성 피부병으로 미크로스포룸(*Microsporum*)종, 트리코피톤(*Trichophyton*)종, 에피데르모피톤(*Epidermophyton*)종인데 미크로스포룸 중 미크로스포룸 카니스(*M. canis*), 트리코피톤 중 트리코피톤 멘타그로피테스(*T. mentagrophytes*), 트리코피톤 베르루코숨(*T. verrucosum*)이 사람의 피부, 모발, 손발톱에 진균성 피부염을 감염시킬 수 있다. 흔히 이 피부염을 피부사상균증(링웜, ringworm)이라고 한다.

반려동물이 피부사상균증에 감염되면 털이 빠지는 등 특징적인 증상이 나타나며, 직접 접촉에 의해 사람이 감염되면 염증성 피부병이 다발성으로 일어난다. 대부분 바르는 약을 꾸준히 사용하는 것만으로도 완전히 치료되나 머리에 감염된 경우, 병변이 광범위한 경우, 바르는 약이 잘 듣지 않는 경우에는 항진균제를 복용해야 하는데 임신부는 항진균제를 복용할 수 없으므로 예방이 최우선이다.

실내에서 키우는 반려동물에서 피부사상균증이 발생하는 경우는 거의 없으며, 주로 길고양이나 유기견에게서 감염될 확률이 높다. 그러므로 집에 임신부나 아기가 있는 경우에는 유기동물 입양을 신중히 결정해야 한다. 임신부나 아기는 길에서 만나는 유기견이나 길고양이를 만지는 것을 자제해야 하고, 혹시 입양한다면 수의사의 진찰을 받아 감염 여부를 확인한다.

말라세치아와 달리 피부사상균증은 반려동물이 평소에 보유하고 있는 균이 아니며 직접 접촉에 의해서만 감염된다. 그러므로 아무 증상 없는 건강한 반려동물에게서 피부병이 옮을까 걱정하지 않아도 된다. 만약 반려동물이 피부사상균증에 감염되었더라도 특징적인 증상을 빨리 파악하여 바로 치료를 시작하고 완치될 때까지 아기와 직접 접촉을 막으면 감염되지 않는다. 따라서 반려동물의 피부에 이상 증상이 있을 때는 일단 아기와 격리하고 원인이 무엇인지 수의사의 진단을 최대한 빨리 받는 것이 중요하다.

개진드기나 개선충 등의 외부 기생충은 사람의 각질층을 견디지 못하고 떨어져 나가거나 증상이 경미하므로 크게 걱정하지 않다도 되지만 아이는 감염되지 않도록 예방과 구제를 철저히 해야 한다. 강아지, 고양이에게 바르는 외부 기생충 예방약을 잘 사용하면 아기의 아토피나 알러지성 비염의 원인이 되는 집먼지진드기를 퇴치하는 효과를 덤으로 기대할 수도 있다.

피부병의 두려움으로부터 탈출하는 생활법

1. 반려동물 관리가 중요하다. 건강한 동물에게는 개벼룩, 개이, 개옴, 개진드기 같은 기생충이 덜 생기기 때문이다. 그러므로 영양이 풍부한 좋은 식단을 반려동물에게 제공하는 것이 중요한 예방 수단이다.
2. 정기적으로 목욕을 시키고 엉킨 털관리 등을 자주 하면 피부질환을 피하거나 조기에 막을 수 있다.
3. 아기가 있는 집에서는 반려동물과 외부 동물의 접촉을 피하고, 접촉한 후에는 피부에 별다른 증상이 없는지 잘 살펴본다.
4. 아기가 동물에게 얼굴을 부비거나 동물이 아기를 핥는 것을 자제시킨다. 물리적인 접촉이 심해지면 질병을 옮길 수 있는 기회가 많아진다. 오랫동안 접촉한 후에는 꼭 손을 씻긴다.
5. 반려동물이 피부병에 걸렸다면 청소를 자주 하고, 아기 침대나 타월 등에 접촉하지 못하게 한다.
6. 외부 기생충약을 정기적으로 사용해서 외부 기생충으로 인한 피부병을 예방한다.

알러지가 있다고 반려동물을 무조건 없애는 사람들이 있는데 이런 행동은 100% 맞는 것도, 100% 틀린 것도 아니다. 알러지의 원인이 반려동물의 털일 수 있기 때문에 일부분 맞지만 많은 알러지 원인 중 반려동물의 털이 원인일 가능성이 그리 높지 않기 때문에 틀린 말이기도 하다. 이 문제에 지혜롭게 대처하려면 알러지에 대해 정확하게 알아야 이론적 바탕 위에서 합리적으로 대처할 수 있으니 먼저 알러지에 대해 알아보자.

알러지는 부적절한 면역반응을 통칭하는 말이다. 세균이나 바이러스를 퇴치하기 위해 작동되어야 할 면역반응이 엉뚱한 것에서 작동하는 것으로, 의학적인 정의로는 '과민성 면역반응으로 인하여 초래되는 신체조직의 기능장애'이다. 알러지성 질환에는 천식, 알러지성 비염, 알러지성 결막염, 두드러기, 아토피성 피부염, 접촉성 피부염 등이 있으며, 각각의 진단명은 발생하는 신체부위, 증상에 따라 달리 붙여질 뿐 원인, 발생 기전과 치료 원칙은 모두 같다.

알러지 반응의 특징이 몇 가지 있는데 이 조건을 충족시키지 못한다면 알러지가 아니다. 흔히 사람들이 "난 ○○에 대해 알러지가 있어.”라고 말하는데 아래에 나오는 조건에 해당하지 않는다면 그것은 알러지가 아니다.

① 이전에 노출된 적이 있어 면역세포가 기억하고 있는 특정 항원에 반응한다.

② 즉시 나타나기도 하고(즉시형 : 천식, 두드러기, 아토피성 피부염, 알러지성 비염 등) 늦어도 48시간 내에 나타난다(지연형 : 접촉성 피부염 등).

③ 동일한 증상이 자주 나타나며 점점 만성화 경향을 보인다.

④ 항원이 제거되면 반응이 저절로 사라진다.

⑤ 같이 접촉한 다른 사람에게는 나타나지 않는 부적절한 반응을 한다.

⑥ 반응의 정도와 항원의 양은 관련이 없다. 항원이 소량이냐 대량이냐가 중요한 것이 아니라 항원에의 노출이 중요하다.

알러지 질환은 유전적인 요인이 많아서 부모가 알러지 질환이 있으면 자녀에게 알러지 질환이 나타날 확률이 60%가 넘는다. 알러지는 한 가지 원인에 다양한 증상이 나타나기도 하고, 여러 종류의 원인이 한 가지 증상으로 나타나기도 한다. 그래서 한 가지 원인에 대해 알러지성 비염, 알러지성 결막염, 아토피성 피부염, 천식을 동시에 갖기도 한다.

또한 한 가지 원인에만 알러지 반응을 일으키기보다는 여러 가지 원인에 모두 반응을 보이는 사람이 많다. 예를 들어 필자의 경우 아토피성 피부염과 알러지성 비염, 알러지성 결막염을 모두 갖고 있는데, 꽃가루와 복숭아, 아스피린 등에 모두 반응한다. 또 최근에 노출된 새로운 환경이나 복용한 약에 따라 이전에 없었던 알러지 반응이 나타나거나 기존의 반응이 강화되어 나타나기도 한다.

"나는 알러지 체질이야."라는 말을 흔히 사용하는 데서 보듯이 알러지는 일종의 유전적 체질로서 본인의 면역반응이 과하게 일어나는 것이므로 실제로 확실한 치료가 어렵다. 그래서 일상생활에 지장을 주지 않을 정도의 약한 증상이라면 굳이 투약하지 않고 지내는 경우가 많고, 또한 증상이 심할 때 사용하는 약도 알러지 체질을 치료하는 것이 아니라 과한 면역반응을 일시적으로 억제하는 것이 대부분이다.

이처럼 어려운 알러지 문제를 푸는 확실한 치료법 중 하나가 '회피'하는 방법으로 모든 알러지 질환 치료의 기본이다. 쉽게 말해 복숭아에 알러지가 있다면 복숭아를 안 먹으면 된다. 의사가 "애완동물 치우세요."라고 말하는 것이 바로 이 회피의 원칙 때문이다.

하지만 알러지의 원인이 반려동물이 아닌데도 불구하고 일단 반려동물을 치우라고 말하는 것이 문제이다. 반려동물을 멀리하는 것은 알러지의 원인이 반려동물로 확실하게 밝혀졌을 때에만 해당되는 이야기이다. 알러지 환자가 처음 병원을 방문했을 때 원인도 파악해 보지 않고 일단 반려동물부터 없애라고 말하는 것은 무책임한 발언이고 제대로 된 알러지 치료법도 아니다.

원인을 확실히 알고 제대로 회피하려면 알러지 질환이 있는 환자가 스스로의 증상을 살피는 것이 가장 중요하다. 알러지의 원인이 음식이나 접촉성 물질일 경우에는 원인 파악이 쉽고 회피하기도 쉬우나 공기 내에 있는 원인은 찾기도 어렵고 회피도 어렵다. 이럴 때는 어떤 상황에서 심해지느냐, 좋아지느냐를 알아보는 것이 핵심이다. 봄에 비염이 심하다면 꽃가루 알러지일 가능성이 높고, 밖에 나가 있을 때는 괜찮은데 집에서 증상이 생긴다면 집먼지진드기나 새집증후군일 가능성이 높다.

피검사, 첩포검사(patch test) 등으로 원인을 알아보기는 하지만 일단 의심되는 원인이 있어야 하고, 혹시 양성반응이 나타나더라도 여러 항원에 동시에 다양한 반응을 나타내는 알러지 질환의 특성상 그 원인이 정확한 알러지 원인이라고 단정지을 수 없기 때문에 실제 임상적으로는 그다지 많이 검사하지 않는다.

알러지 질환의 원인을 알아내는 또 다른 방법으로는 의심스러운 원인으로부터 회피해 보는 것이다. 앞에서도 말했듯이 원인이 사라지면 반응도 사라지는 것이 알러지 질환의 특징이기 때문이다. 이 방법은 반려동물이 알러지의 범인으로 지목된 경우에 유용하게 활용할 수 있다.

만약 키우는 개나 고양이를 치우라는 의사의 조언을 들었다면 반려동물을 며칠 동안 다른 곳에 잠시 맡겨 본다. 그리고 개나 고양이가 근처에 없다는 것만으로도 증상이 확실히 좋아진다면 반려동물의 털이 알러지의 원인이 맞으므로 함께 살려면 생활습관을 어떻게 바꿔야 하고 집의 위생관리를 어떻게 할지 고민해 봐야 하고, 증상이 심하다 싶으면 반려동물을 다른 곳으로 입양 보내는 것을 신중하게 고민해 봐야 한다.

하지만 반려동물과 며칠 떨어져 있었는데도 알러지 증상이 사라지지 않는다면 반려동물이 알러지의 원인이 아니므로 반려동물을 없앨 필요가 없다. 알러지의 원인이 아닌데 굳이 회피할 필요가 없는 것이다.

알러지의 유일한 완치법으로는 '면역치료'라는 것이 있다. 알러지의 원인에 조금씩 노출시킴으로써 더 이상 몸이 과민하게 반응하지 않도록 적응시키는 치료이다. 한 마디로 몸이 알러지에 적응하도록 하는 것으로 전문용어로 '탈감작시킨다'고 한다. 실제로 반려동물의 털이 알러지의 원인으로 밝혀졌음에도 불구하고 함께 살면서 적응해 알러지를 극복한 사람들이 많은데 증상이 심하지 않은 사람들은 대부분 이렇게 함께 사는 것이 가능하다. 물론 이런 경우는 힘든 기간을 견뎌야 하므로 노력과 의지가 필요하다. 따라서 아기에게 이런 방법을 적용하기는 쉽지 않다.

통계적으로 개보다 고양이가 알러지를 더 잘 일으키며 반려동물의 털뿐만 아니라 침에서도 알러지의 원인이 검출되므로 알러지 증상을 보이는 아이는 반려동물이 핥는 것을 금지시켜야 한다. 또한 고양이에 대해서 알러지 반응을 보인다고 모든 고양이에게 같은 증상을 보이지는 않는다. 고양이 여러 마리를 키워도 한 고양이에게만 알러지 반응을 보이기도 하므로 알러지에 대한 이런 세세한 사항을 반려인이 정확히 알고 있어야 한다.

증세가 일상생활에 지장을 줄 만큼 심하지 않으면 반려동물을 계속 키우면서 청결한 환경을 유지하는 것만으로도 증상이 많이 호전될 수 있다. 의외로 문제가 되는 것이 침구, 카펫이므로 카펫을 치우고 침구를 자주 털어 주는 것만으로도 증세가 좋아지는 경우가 많다. 공기청정기를 사용하는 것도 도움이 되고, 천으로 된 소파 등은 피한다. 가구는 자주 청소하고, 반려동물이 사용하는 이불이나 모포, 방석 등을 자주 세탁한다. 반려동물의 배설물을 즉시 치우고 배설한 자리를 청결히 하는 것도 중요하다. 햄스터, 기니피그 등은 많은 알러지 항원을 방출하며, 기를 때 사용하는 톱밥도 호흡기나 피부 알러지의 원인이 되므로 집에 알러지 환자가 있다면 특히 주의해야 한다.

알러지 질환은 대부분 소아기에 시작되어 청소년기를 거치면서 좋아지거나 소실된다. 20~30%는 그대로 성인기까지 가지고 가고, 청소년기에 좋아졌다가 성인기에 재발하는 경우도 있지만 대체로 성인이 되면 좋아지는 경우가 많다. 면역체계의 변화와 더불어 나이가 들고 사회생활을 시작하면서 복잡한 환경에 노출되기 때문에 자연적인 탈감작 효과가 나타나기 때문인 것으로 보고 있다. 따라서 심하지 않은 알러지 증상은 자연스러운 노출이 반복되는 동안 저절로 탈감작되어 없어지기도 하므로 알러지 항원을 줄이는 생활습관을 병행하면서 반려동물과 사는 사람도 많다.

따라서 모든 알러지의 주범이 반려동물이라는 고정관념은 바뀌어야 한다. 다섯 가구당 한 가구꼴로 반려동물과 사는 우리나라에 비해 반려동물과 함께 사는 비율이 1.5배 이상 높은 일본에서 알러지성 천식의 원인이 개나 고양이로 밝혀진 경우가 각각 3.0%, 7.9%인 것만 봐도 우리나라가 반려동물에 대해 많이 오해하고 있음을 알 수 있다.

실제로 반려동물이 알러지의 원인이었다면 처음부터 함께 사는 것 자체가 힘들었을 것이다. 천식이나 아토피성 피부염, 알러지성 비염은 즉시형 알러지로 노출되면 바로 증상이 나타나기 때문이다. 그러므로 "3년 동안 고양이를 키웠는데 요즘 와서 점점 비염이 심해지니 키우던 고양이를 없애야겠어."라는 말은 알러지에 대해 몰라서 하는 말이다.

특히 다른 알러지 질환과 달리 호흡기 증상을 나타내 생명과도 연관될 수 있는 천식의 경우에는 확실한 원인을 알아내는 것이 매우 중요하다. 천식의 증상은 1개월에 1회 이하로 보행 시에 경도의 증상이 나타나고 그외 일상생활에는 지장이 없는 경증, 1주에 1회 이상으로 때때로 일상생활에 지장을 주는 중등증, 매일 기침과 호흡곤란이 발생하고 주 1~2회 이상 일상생활과 수면에 지장을 주는 중증으로 나누어지며 극히 심한 경우 호흡부전까지 일으킬 수 있다. 천식은 대부분 환경에 따른 증상의 변화가 분명하기 때문에 반려동물과의 연관성을 쉽게 알 수 있는데, 중등증 이상의 천식에서 반려동물이 유발원인 중 하나라는 것이 확인되었다면 반려동물을 입양 보내는 것을 고려해야 한다.

동물 알러지 환자가 반려동물과 함께 생활하는 법

미국 천식알러지협회가 권하는 동물 알러지
환자가 반려동물과 함께 사는 방법

1. 반려동물의 항원은 잘 없어지지 않으므로 반려동물이 자주 사용하는 가구나 용품을 치운다. 카펫도 없애고 가능하면 맨바닥에서 생활한다.

2. 1주일에 한 번 목욕을 시키면 반려동물이 갖고 있는 알러지 항원 수를 줄일 수 있으므로 정기적으로 목욕시킨다.

3. 반려동물을 만진 후에 손으로 눈을 만지는 것을 피하고 손을 반드시 씻는다.

4. 진공청소기로 청소하는 것이 반려동물이 떨어뜨린 항원을 제거하는 데 매우 효과적이다. 가능하다면 HEPA(high efficiency particulate air) 필터가 달린 청소기를 사용한다.

5. 카펫 등에 묻은 알러지 항원은 쉽게 제거되지 않으므로 카펫, 천 소파 등은 사용하지 않는 것이 좋다. 침구, 소파는 물청소가 가능한 것이 좋다. 카펫을 사용해야 한다면 스팀 청소기를 사용해서 자주 청소한다.

6. 자주 환기시켜 실내 공기를 청결하게 유지한다. HEPA 필터가 달린 공기청정기를 사용하면 도움이 된다.

7. 반려동물 털 손질은 실외에서 한다.

최근 들어 아이를 키우는 부모 사이에서 가장 문제가 되고 있는 것은 알러지성 질환인 아토피성 피부염이다. 그런데 과연 아토피성 피부염의 주원인이 반려동물일까?

아이에게 아토피성 피부염이 나타나서 병원에 가면 대부분 일단 개, 고양이를 없애라고 한다. 병원 등에서 나눠 주는 아토피에 대한 자료에서도 반려동물을 키우지 마라는 글을 쉽게 볼 수 있다. 주변 사람들도 개, 고양이가 아토피를 일으킨다고 한마디씩 한다. 이런 이야기를 듣고서 마음이 흔들리지 않을 부모는 없다. 그만큼 아토피를 앓는 자녀를 지켜보는 일은 힘들기 때문이다.

아토피성 피부염이란 '악화와 호전을 반복하는, 가려움증이 있는 습진을 주병변으로 하는 질환으로, 가족력이나 알러지 질환 병력을 가진 경우'를 말한다. 즉, 어떤 명확한 질환이 아니라 알러지성 체질인 환자에게서 나타나는 가려움증을 동반한 습진을 통칭하는 말이다. 또 만성, 반복성 경과를 가지므로 유아에서는 2개월 이상, 성인에서는 6개월 이상 같은 증상이 반복되었을 때 아토피성 피부염 진단을 내린다. 알러지성 비염이나 알러지성 결막염, 알러지성 천식 동반은 아토피로 진단하는 중요한 참고사항이 되며, 다른 알러지 증상이 전혀 없다면 단순 만성 습진으로 진단되는 경우가 더 많다.

아토피성 피부염 또한 알러지성 질환이므로 원인을 파악하는 것이 가장 중요하다. 아토피성 피부염의 원인과 악화 요인으로 지목되는 것을 살펴보자.

아토피 피부염의 악화인자

1. 생활환경 알레르겐의 증가
- 주택의 밀폐화(아파트, 알루미늄 새시의 보급) : 진드기, 진균류, 세균
- 라이프 스타일의 변화(침대, 카펫의 보급) : 진드기, 진균류, 세균
- 개방형 난방의 보급, 관상어의 사육(고온, 다습화) : 진드기, 진균류, 세균
- 취미의 다양화(실내 개, 새 등의 애완동물) : 털, 피부, 분
- 식생활의 변화(음식 항원의 증가, 방부제, 착색료) : 음식 항원
- 비누, 샴푸 등의 고급화(착색료, 향료) : 접촉 알레르겐
- 장식의 다양화(금속) : 알레르겐
- 도시화의 영향(배기가스, 매연, 흡연, 삼나무 식림) : IgE 항체의 산출 증강, 꽃가루 항원

2. 생활환경이 피부 장벽 기능에 미치는 영향
- 청결 지향(매일의 목욕과 머리감기)
- 비누, 샴푸의 고급화(세정력의 강화)
- 직업의 다양화(패스트푸드점 아르바이트)
- 의류의 변화(아크릴 제조품, 팬티스타킹의 보급)
- 에어콘의 보급(피부의 건조화)

3. 생활양식의 변화에 따른 영향
- 매스컴 등의 잘못된 보도에 따른 부적절한 의료
- 민간치료의 범람
- 수험 경쟁, 잔업, 원거리 통근 등에 따른 스트레스의 증가
- 패스트푸드, 편의점 보급에 따른 외식의 증가, 영양의 불균형

(출처 : 《알러지 질환》, 고려의학)

앞의 표에서 보듯이 아토피성 피부염의 원인으로 너무나 많은 것이 거론되고 있다. 의학적으로 이렇게 많은 원인이 거론된다는 것은 사실 '원인을 모른다.'와 같은 의미이다. 다만 과거 자연친화적인 환경에서 살 때는 거의 문제가 되지 않다가 현대 들어 폭발적으로 늘어나는 것으로 봐서는 대기오염, 화학물질, 변화된 식습관, 지나친 청결습관에 따른 피부 보호막의 파괴 등이 원인이 아닐까 생각하는 것이다.

표에서 보듯이 아토피는 정서적·심리적 요인마저 거론될 정도로 원인이 다양하며, 반려동물은 그중 하나일 뿐이다. 아이가 아토피 증상을 보이는 것 같으면 일단 반려동물의 털이 날리지 않게 털을 짧게 깎거나 옷을 입히고, 정기적으로 목욕을 시키고, 청소를 자주 하고 환기를 자주 시키는 등 더 신경을 많이 써야 한다.

아이가 태어날 때부터 반려동물과 함께 살았다면 어느 날 아이에게 나타난 아토피 피부염의 원인이 반려동물일 가능성은 거의 없다. 이때는 이사를 했거나, 유치원을 옮겼거나, 가구를 바꾸는 등 환경적인 변화가 있지 않았는지 다른 원인을 찾아봐야 한다.

아토피성 피부염은 만성적인 습진성 질환으로 정상적인 피부 기능과 보호작용이 파괴되어 있는 상태이다. 사람의 피부는 매우 강력하고 단단한 보호막이기 때문에 이 보호막이 파괴된 상태에서는 세균 감염에 취약해진다. 더욱이 연약한 아기라면 말할 것도 없다. 약물치료는 주치의 선생님과 상담해야 하고, 증상이 심하지 않으면 다음에 언급하는 관리만으로도 호전을 기대할 수 있다.

(출처 : 《알러지 질환》, 고려의학)

현대인은 각종 환경에 노출되어 산다. 집에서야 어떻게든 청결을 유지하고 살 수 있지만 집 문을 나서는 순간 온갖 오염물질과 알러지 항원이 우리를 따라다닌다. 아이와 함께 거리도 걸어야 하고, 대중교통도 이용해야 하고, 마트도 가야 한다. 그 과정에서 마주치는 모든 알러지 항원을 피할 방법은 없으니 알러지 질환 증상이 있다면 항원을 신중하게 찾아보고, 피할 수 없다면 치료와 관리를 하며 나아지기를 기다려야 한다.

또한 우리가 간과해서는 안 되는 연구가 최근 많이 발표되고 있다. 반려동물과 아기를 함께 키우면 오히려 알러지성 질환이 예방된다는 연구결과가 바로 그것이다.

2002년에 미국 조지아대학 의대 교수인 데니스 오운비 등이 《미국의학협회지》에 발표한 연구결과에 따르면 1세 이전에 두 마리 이상의 개나 고양이와 일상적으로 접촉한 아이는 알러지 피부검사 양성률이 15.4%로, 그렇지 않은 아이의 33.6%에 비해 현저히 낮았다. 2004년에 미국 위스콘신-메디슨대학 의대 소아과 교수인 게른 등이 《미국 알러지 임상면역학회지》에 발표한 연구결과도 마찬가지여서 집에서 반려동물과 함께 생활한 경우 알러지 발병률이 19%로, 그렇지 않은 경우의 33%에 비해 현저히 낮았다. 이것은 인종, 성별, 환경적인 요인 등에 상관없이 동일한 양상을 보였다.

또한 2002년부터 2008년까지 6년 동안 독일 국립환경보건센터에서 어린이 9,000명을 대상으로 연구를 진행한 결과 반려견을 키우는 집 아이들의 혈액에 알러지를 일으키는 인자가 현저히 적은 것으로 나타났다. 이는 반려동물과 함께 자란 아이들이 천식, 습진 등을 일으키는 알러지 유발인자에 덜 민감하도록 면역체계가 단련되기 때문으로 판단된다. 하지만 가정이 아닌 곳에서 개를 '가끔' 접하거나 아이들의 면역체계가 발달한 후 반려견을 키우는 것은 면역체계를 단련시키는 효과가 없다고 한다.

이와 같은 연구는 그동안 반려동물이 알러지 질환을 일으킬 수 있다는 의학상식을 뒤집는 결과로 상당히 주목받고 있다. 하지만 이와 반대로 반려동물이 있는 집의 아이들이 알러지에 걸릴 확률이 높다는 연구도 많으므로 어느 한쪽의 연구결과만 보고 속단할 수는 없다.

　중요한 것은 알러지 증상이 있는 아이들이 있는 집에 반려동물을 새로 들이는 것은 새로운 알러지 원인을 제공할 수 있으니 조심해야 한다는 것은 맞다. 하지만 이미 키우고 있던 반려동물을 단지 알러지성 질환을 일으킬 여러 원인 중 하나이므로 없앤다는 것은 옳지 않다는 것이다. 어쩌면 아이들의 면역력을 높이는 데 도움이 될 수도 있는데 알러지성 질환의 원인일 수 있다는 낮은 확률 때문에 생명을 버리는 것은 합리적이지 않기 때문이다. 반려동물이 주요한 원인이 아니라면 서로 조심하면서 잘 살 수 있는 방법을 고민하는 것이 우선이다.

반려동물을 무조건 더럽고 가까이 해서는 안 되는 균 덩어리라고 생각하는 사람들이 많다. 개가 마당에 묶여 평생 예방접종이나 구충도 하지 않고, 목욕 한 번 하지 않고 살던 시대도 아닌데 아직도 이렇게 생각하는 사람들이 많다. 이미 반려동물은 실내로 들어와 사람만큼 청결한 생활을 하고 있다. 반려동물의 생활환경이 바뀐 만큼 반려동물에 대한 생각도 바뀌어야 하는데 아직 사람들의 의식이 변화를 따라가지 못하는 실정이다.

일단 반려동물에게서 사람으로 세균이 옮으려면 반려동물의 병원성 세균의 종류가 사람에 비해 많아야 하지만 꼭 그렇지는 않다. 반려동물과 사는 사람들이 가장 접촉하기 쉬운 반려동물의 피부, 입, 위장관에 존재하는 균에 대해 알아보자.

피부

반려동물과 살게 되면 자주 쓰다듬고 껴안게 되어 피부 접촉이 많아지므로 반려동물의 피부에 있는 균이 사람에게 옮겨질 가능성이 높다. 그러나 앞에서도 언급했듯이 사람과 반려동물의 피부 구조가 다르기 때문에 평상시에 존재하는 세균, 곰팡이, 기생충 종류도 다르다.

반려동물의 피부에는 포도상구균이 가장 많기 때문에 반려동물에게 피부병을 일으키는 것도 주로 포도상구균이다. 그외 프로테우스균, 대장균, 녹농균, 연쇄구균 등이 있다. 곰팡이로는 클라도스포리움, 알터나리아 등이 있고 특히 말라세치아 피부병을 유발하는 말라세치아종이 있다. 그러나 이런 세균이나 곰팡이는 반려동물의 피부, 공기, 소파나 침대 등의 가구, 모든 생활공간에 이미 존재하는 것이다.

사람의 피부에도 역시 포도상구균, 특히 병원성 세균인 황색포도상구균이 늘 존재한다. 대장균도 건강한 피부에 상재하고, 반려동물에 비해 땀샘이나 피지선이 발달해 있는 사람은 더 많은 종류의 세균이 서식하는데 여드름균이라고 불리는 프로피오니박테리움종, 모낭충 등이 증상 없이 계속 존재한다. 또 무좀균이라고 하는 여러 효모균도 존재하는데 이들은 반려동물에서는 볼 수 없는 균이다. 이런 균이 늘 있다고 해서 무조건 위험한 것은 아니다. 습진이나 지루성 피부염 등으로 피부의 정상적인 보호기능이 깨졌을 경우가 아니라면 오히려 여러 가지 피부 보호 기능을 수행한다. 그러므로 외출 후나 땀 흘린 후 깨끗이 씻는 등의 기본적인 청결과 위생을 유지한다면 이런 균은 문제가 되지 않는다.

때로 반려동물의 털과 함께 균이 공기 중으로 퍼지면서 아기에게 감염될 수 있다고 말하는데 실제로 개와 고양이 털에 붙은 균은 공기 중의 균이나 부모 피부에 있는 각질에 붙어 있는 균과 별 차이가 없다. 그런 것까지 걱정할 정도로 예민한 사람이라면 반려동물을 키우지 않는 것이 정신건강에 좋다.

입

함께 사는 개와 고양이는 종종 사람을 핥고, 특히 우호의 표시로 핥기를 좋아하는 개가 많다. 그래서 반려동물 입 안의 균이 궁금해진다. 반려동물이 아기를 핥게 두어도 될까?

반려동물의 입 안에 정상적으로 상재하는 균은 황색포도상구균, 연쇄구균, 녹농균, 엔테로박터 등이다. 그중 황색포도상구균을 제외한 다른 균은 평소에는 문제가 되지 않지만 면역이 크게 떨어진 특수 상황에서는 문제를 일으킨다. 황색포도상구균 또한 개, 고양이뿐 아니라 생활 곳곳에 널리 퍼져 있는 균이다.

사람은 반려동물에 비해 다양한 음식을 먹는 만큼 포도상구균, 연쇄구균, 녹농균, 엔테로박터, 하이모필루스균, 대장균 등 균종이 다양하며 산소가 없는 곳에서 생존하는 세균인 혐기성 세균이 더 많이 존재하고 입 안의 균 수도 많다. 만약 사람에게 물린다면 개나 고양이에게 물린 것보다 더 위험하고 후유증도 많이 남을 것이다. 그래서 아기에게 뽀뽀 하고 싶다면 엄마와 아빠도 꼭 이를 닦은 후에 해야 한다. 특히 술과 안주로 얼큰하게 취한 상태에서 술김에 아기에게 바로 뽀뽀 하는 것은 좋지 않은 행동이다. 그러므로 정기적인 스케일링과 칫솔질로 구강관리를 받는 반려동물이라면 반려동물의 입에서 아기에게 옮을 수 있는 세균은 아빠나 엄마의 입에서 옮을 수 있는 세균보다 오히려 덜 위험하다고 할 수 있다.

반려동물이 먹는 음식에 따라 입 안 오염도가 달라질 수 있는데 가장 위험한 것은 사람이 먹다 남긴 조리된 음식을 먹는 개의 입 안 세균이다. 따라서 아기가 있는 가정이라면 반려동물에게 위생관리가 잘 된 음식을 주는 것이 중요하다.

하지만 반려동물 입 안 세균이 위험하지 않다고 반려동물이 아기를 핥거나 뽀뽀를 하는 행동을 그냥 두어서는 안 된다. 반려동물이 지속적으로 아기의 피부를 핥는 것은 세균보다 먼저 혀 표면과 피부 간 마찰, 침 속의 여러 성분으로 발생하는 접촉성 피부염이 문제가 될 수 있다. 이런 경우 염증으로 인해 정상적인 피부보호 기능이 파괴되어 일상적인 세균에도 아기 피부는 쉽게 감염된다. 또한 반려동물의 침에서는 알러지 항원도 많이 검출된다.

또한 뽀뽀를 통해 아기 입에 반려동물 입 안의 세균이 직접 들어가는 것이 좋을 리 없다. 반려동물의 구강관리를 완벽하게 했다고 자신할 수 있는지, 아무리 반려동물의 구강관리가 잘 되었다고 해도 가끔도 아닌 일상적인 뽀뽀는 아기의 입 안으로 많은 균이 옮아가는 것이므로 이를 참을 수 있는지, 이 두 가지 부분에 대해 모두 '그렇다.'라고 답할 수 있는 부모는 없을 것이다. 부모가 아기의 피부나 얼굴을 핥는 행동이 상식적이지 않은 것과 마찬가지이다. 그러므로 반려동물에게 처음부터 아기는 핥지 못하게 교육하는 것이 좋다.

대소변

공동주택이 많은 우리나라 주거 환경에서 많은 반려동물은 실내에서 대소변을 해결한다. 산책을 나가서 대소변을 해결하기도 하지만 아기가 태어나면 매일 꼬박꼬박 반려동물을 산책시킬 수 없어서 실내 배변훈련을 시키기도 한다. 이런 상황 속에서 반려동물의 대소변으로 인한 병이 생길까 겁을 내는 사람들이 많다. 두려움을 줄이려면 반려동물의 대소변에 살고 있는 균에 대해서 자세히 알아야 한다.

반려동물의 위장관에 정상적으로 상재하는 균은 박테로이드종, 대장균, 비피더스균, 클로스트리디움종, 유산균종, 포도상구균 등이며, 사람의 위장관에 상재하는 균은 박테로이드종, 비피더스균, 장구균, 연쇄구균, 유산균, 대장균, 포도상구균, 클로스트리디움종 등이다. 비교해 보면 별 차이가 없음을 알 수 있다.

또 이들은 특수한 상황이 아니면 크게 증식하거나 병을 일으키지도 않고 위장관에 존재하면서 음식물의 분해, 담즙대사 등에 관여한다. 그러므로 아기를 반려동물 대소변에 접촉하지 못하도록 잘 관리하고, 반려동물의 대소변을 치운 후 손을 깨끗이 씻는다면 건강한 반려동물의 대소변은 별 문제가 되지 않는다.

하지만 반려동물이 장염을 앓고 있다면 조심해야 한다. 개나 고양이에게 장염을 일으키는 병원성 세균은 사람과 동일한 대장균, 클로스트리디움종, 살모넬라균, 캄필로박터종 등인데 그중 가장 문제가 되는 것은 살모넬라균, 즉 장티푸스균이다. 개나 고양이가 살모넬라균에 급성 감염되면 분변에서 3~6주간 살모넬라균이 배출되어 사람에게 감염이 가능하기 때문이다. 반려동물의 장염은 흔한 질병이 아니지만 사람에게 감염 우려가 있으므로 반려동물이 급성 장염 소견을 보이면 바로 격리시키고 동물병원에 가서 치료를 받아서 감염을 막는다.

장티푸스균은 급성 감염된 동물의 분변, 오염된 물이나 음식에 의해 전파되는 것이기 때문에 건강한 개나 고양이는 평상시에 배출하지 않으므로 반려동물이 건강하다면 걱정할 필요는 없다. 반려동물에게 장염 증상이 없는데 아기에게 장염 증상이 나타난다면 원인 제공자는 반려동물이 아니다. 날달걀, 조리가 덜 된 음식, 비위생적인 물 등으로도 감염될 수 있으니 아이가 있는 집에서는 위생관리를 철저히 하는 것이 중요하다. 아기 손을 자주 씻기고 아기의 식기와 장난감 소독을 철저히 한다. 특히 온도가 높고 습도가 높은 여름철에는 위생관리를 더 철저히 해야 한다.

하지만 반려동물의 대소변 훈련이 제대로 되지 않았다면 문제가 된다. 아기가 기어다니면서 집 안 이곳저곳 반려동물의 대소변 흔적에 섞인 세균에 노출될 수 있기 때문이다. 그러니 아기가 태어나기 전에 반려동물의 대소변 훈련을 반드시 끝내야 한다.

아기가 있는 집의 위생적인 생활법

1. 외출 후 귀가하여 아기를 만지기 전에 손을 깨끗이 씻는다.

2. 아기와 뽀뽀하기 전에 이를 닦는다.

3. 아기의 장난감, 식기는 다른 사람이나 반려동물과 공유하지 않도록 한다. 플라스틱보다는 스테인리스 식기를 사용하며 자주 끓여서 소독한다. 장난감은 물로 자주 깨끗이 씻는다.

4. 만 1세 이전에는 사람이 많은 곳에 아기를 데려가지 않는다.

5. 만 1세 이전에는 익혔다 식힌 음식을 준다. 특히 물은 반드시 끓인 물을 주어야 한다.

6. 가족 중 호흡기 감염이나 설사 등의 환자가 발생했을 때는 아기와의 직접 접촉을 삼간다.

7. 침구는 자주 세탁하고 털어 주며, 방바닥은 수시로 물청소한다. 아기가 바닥에 있는 것을 주워 먹지 않도록 가르치고 늘 바닥을 청결하게 관리한다.

개, 고양이와 아이를 함께 키울 때 흔히 듣는 이야기 중에 개가 아이를 물거나 고양이가 할퀼 수 있으니 없애라는 이야기가 많다. 반려동물에 의한 사고는 실제로 종종 일어나기 때문에 이 말은 가능한 우려이다. 하지만 실제로 실내에서 함께 사는 반려동물에 의한 사고는 그렇게 많지 않다.

한국소비자보호원이 발표한 자료에 따르면 2009년 어린이 안전사고 현황의 주요 원인에 반려동물은 포함되어 있지 않다. 자료를 살펴보면 가구나 기구 등 사물에 의한 사고 26.8%, 추락 12.9%, 넘어지거나 미끄러짐 15.3%, 베이거나 찔리는 등의 상처 12.1%, 화상 5.1%, 삼킴 6.6%, 혼입 2.1%, 기타 13.2%로 나타났다. 함께 사는 반려동물이 아이에게 상해를 입힐 가능성은 집 안에서 가구나 생활용품에 의해 발생할 가능성에 비해 현저히 낮다는 것이다.

하지만 아무리 적은 확률이라도 반려동물에 의한 안전사고가 보고되고 있으므로 예방법을 눈여겨 봐야 한다. 우선 아기와 반려동물을 함께 키우는 집에서 가장 중요한 것은 아기와 반려동물만 단 둘이 두지 않는 것이다. 특히 돌 전의 아기일 경우에는 잠시라도 둘만 두어서는 안 된다. 어른이 보지 않는 틈을 타서 연약한 아기의 피부를 핥거나 누워 있는 아기를 밟고 지나가는 정도의 경미한 사고는 언제든지 일어날 수 있기 때문이다. 그리고 아이가 반려동물을 쫓아다니거나 털이나 꼬리를 잡아당기는 등 귀찮게 하는 행동으로 유발되는 사고도 많으므로 어릴 때부터 반려동물과 잘 지내는 방법에 대해 이야기해 주는 것이 중요하다.

뉴스에 등장하는 무시무시한 사고를 일으키는 개들은 대부분 관리가 되지 않은 대형견이다. 그러므로 실내에서 소형견 위주로 개를 키우는 가정이 많은 우리나라의 경우는 할퀴거나 가볍게 물리는 등의 사고로 병원을 찾는 경우가 대부분이다. 실내에서 대형견을 키우는 경우라면 출산 전에 철저히 교육시켜야 하고, 아이가 어느 정도 자라기 전까지 아이와 반려동물만 한 공간에 있게 해서는 안 된다. 아무리 순해도 아이가 털을 잡아당기는 등의 행동으로 인해 순간적으로 무는 등의 사고를 일으킬 수 있기 때문이다.

이렇게 말하면 모든 반려동물이 잠재적인 아기 안전사고의 원인처럼 보이지만 반려동물은 기본적으로 보호본능을 발휘하는 경우가 많다. 그러므로 반려동물이 아기와 함께 있는 시간을 행복한 시간으로 연관해서 기억할 수 있도록 노력해야 한다. 아기가 있다고 주의를 준다는 생각에 반려동물을 자꾸 혼내면 반려동물은 아기를 나쁜 기억과 연관시켜 경계하게 되기 때문이다.

아이와 반려동물이 있는 집의 사고를 예방하는 가장 좋은 방법은 초기에 격리시키는 것이다. 특히 신생아 시기에는 순간적으로 무슨 일이 일어날지 모르므로 격리를 시키면 엄마가 편할 수 있다. 그리고 아이가 어느 정도 자라서 반려동물을 제어할 수 있을 때까지는 절대로 아이와 반려동물만 두어서는 안 된다. 우리 개는 괜찮다고 믿다가 사고를 당할 수 있다.

반려동물에 의한 사고를 예방하려면 아기가 태어나기 전에 무는 등의 행동을 철저하게 교육시키는 것이 중요하다. 반려동물이 가끔 주인을 무는데 아무 교육도 시키지 않고 있다가 아이가 생겼다고 갑자기 예전에 허용했던 행동을 못하게 다그치면 스트레스를 받아 예상 못한 행동을 유발할 수도 있기 때문이다.

평소에 공격적인 놀이도 하지 않는 것이 좋다. 반려동물이 물고 노는 장난감의 반대쪽을 잡아당겨서 서로 뺏는 놀이를 한다거나 장난감을 보여 주면서 펄쩍펄쩍 뛰어서 잡도록 하는 놀이는 동물의 공격본능을 키울 수 있다. 이런 행동은 놀이의 하나로 남자 반려인들이 자주 하는데 이런 무의식적인 행동이 반려동물의 공격성을 키울 수 있고, 그것이 순간적으로 아기에게 표현될 수 있음을 기억해야 한다.

아무리 조심해도 사건, 사고는 일어날 수 있다. 개에 의해 아기가 물리거나 고양이가 할퀴어 상처가 나면 엄마는 당황한다. 특히 피가 날 정도라면 더 놀란다. 감염, 광견병 등의 단어가 머리를 어지럽힐 것이다. 그나마 우리 집 개나 고양이는 예방접종을 다 했고 깨끗하게 키웠으니 큰 걱정 없지만 드물게 이웃집 개나 거리의 떠도는 개에게 물리는 경우도 있으므로 반려동물 사고 시의 일반적인 대처 요령에 대해 알아보자.

장난 끝에 가볍게 상처를 입힌 경우라도 일단 사고가 났으면 반려동물에게 따끔하게 주의를 주어 같은 일이 반복되지 않도록 해야 한다. 사고의 원인 제공자가 아이라면 아이에게도 주의를 주어야 한다.

1) 어떤 경우에 병원에 가야 하나

실내견으로 사료나 위생적으로 조리된 자연식을 먹고, 정기적으로 스케일링을 하고 칫솔질을 하는 반려동물의 경우는 입 안 세균이 크게 위험하지 않기 때문에 가볍게 물렸다면 별문제가 없다. 출혈이 없는 가벼운 상처라면 흐르는 물에 깨끗이 씻고 집에서 소독한 후 항생제 연고를 바르는 것으로 처치가 가능하다. 특히 아이와 놀다가 물린 경우에는 공격을 목적으로 한 것이 아니므로 깊게 물리는 경우가 매우 드물다. 상처의 정도를 주의 깊게 살펴보고 깊지 않다면 일단 물로 깨끗이 씻은 후 항생제 연고를 발라 치료한다.

다음의 경우는 바로 병원에 가야 한다.

① 관절 부위를 물렸을 때

손가락이나 발가락 등의 관절 부위에 상처가 났다면 바로 병원에 가야 한다. 관절의 경우는 상처가 깊어 보이지 않아도 후유증이 남는 경우가 많다. 아이들은 특히 관절 부위의 피부와 근육이 얇고 약하므로 살짝만 물려도 손상 부위가 깊을 수 있다.

② 봉합이 필요한 때

상처 부위가 크거나 깊어서 봉합해야 할 것 같다면 병원으로 가야 한다. 상처를 제대로 치료하지 않으면 문제를 남길 수 있으니 봉합해야 할지 봉합하지 않아도 될지 판단이 잘 서지 않는다면 일단 병원에 가서 의사의 조언을 듣는다.

③ 얼굴, 목을 물렸을 때

얼굴은 미관상 문제가 되므로 일단 병원에 가서 의사와 흉터를 최소화할 수 있는 방법을 함께 고민하는 것이 좋다. 목 부위는 피부가 얇고 중요한 혈관과 신경이 몰려 있기 때문에 작은 상처라도 쉽게 큰 염증으로 번져 위험할 수 있다. 개가 목을 무는 것은 공격의 의미이므로 함께 사는 반려견이 목을 무는 경우는 흔하지 않다.

④ 고양이에게 물렸을 때

고양이는 무는 경우가 드물지만 종종 장난 끝에 상처를 내기도 한다. 가벼운 상처라면 항생제 연고를 바르는 것으로 충분하지만 상처가 깊으면 일단 병원에 간다. 고양이의 발톱과 이빨은 날카롭고 가늘어서 실제 보이는 상처보다 깊을 수 있다.

⑤ 사람이 먹다 남은 음식을 먹는 개의 경우

사람이 먹다 남은 음식에 밥을 말아 먹이는 개라면 입 안 세균이 더 많고 위험하다. 이럴 때는 상처가 깊지 않아도 병원에 가는 것이 좋다.

⑥ 실외견에게 물린 경우

실내견이 아니라 마당에서 생활하는 개는 흙 속의 파상풍균이 입 안에 있을 가능성이 있다. 파상풍 예방접종을 불충분하게 받은 어린이나 어른은 병원에 가서 파상풍 항독소 주사를 맞는 것이 좋다.

⑦ 예방접종, 위생 상태가 의심스러운 경우

반려동물이라면 예방접종, 구강관리 등이 잘 되어 있기 때문에 크게 문제가 되지 않지만 관리를 어떻게 해왔는지 알 수 없는 개에게 물리는 경우는 대처법이 다르다. 아이들이 이웃집 개나 유기견에게 장난을 치다가 물리는 경우가 많은데 이런 경우에는 무조건 병원에 가서 치료를 받아야 한다.

2) 광견병에 걸리는 것이 아닐까

광견병은 광견병 바이러스에 감염되어 있는 동물에게 물렸을 때 타액에 있던 바이러스가 사람에게 침입하여 발생한다. 광견병에 걸린 개는 이상한 소리를 내고, 침을 흘리며, 인후두마비 증상을 보이다가 발병 후 10일 안에 죽고, 사람이 물렸을 경우에도 4~10일 안에 발열, 두통, 불안, 마비, 혼수 등의 증상을 보이다가 사망하는 무서운 병이다. 하지만 실상 문제가 되는 것은 너구리, 여우, 박쥐 등의 야생 육식동물이고 집에서 키우는 개나 고양이에게서 발생하는 경우는 거의 없다. 실제로 최근 몇 년간 한강 이남에서는 광견병 발생이

보고되지 않았다.

광견병은 개나 고양이에게서 자연 발생하는 병이 아니기 때문에 우리 집 반려동물이 야생동물과 접촉할 일이 없다면 광견병을 걱정할 필요는 없다. 게다가 광견병은 매년 의무적으로 예방접종을 해야 하기 때문에 실내견이 갑자기 광견병에 걸릴 이유는 없다.

문제는 반려견이 아니라 관리 상태를 알 수 없는 이웃의 개나 길에서 떠도는 개에게 물린 경우이다. 이런 경우에는 꼭 그 개를 포획해서 광견병 유무를 검사해야 한다. 아이를 문 개가 광견병에 걸린 것으로 의심되더라도 응급으로 백신을 투여받으면 치료가 가능하다.

만약 개가 도망쳐서 광견병 감염 유무를 확인할 수 없다면 원칙적으로 물린 사람은 의사와 상담하여 광견병 백신을 투여받아야 한다. 그러므로 광견병이 의심스러운 개에게 물렸다면 국립보건원에 신고하고 치료해야 한다.

반려동물 관련 어린이 안전사고 예방법

한국소비자원 어린이안전넷에서 권하는 반려동물 관련 안전사고 예방, 대처법이다. 부모가 아이를 돌볼 때 참고하고 아이가 말을 알아들을 나이가 되면 주의를 줘서 스스로 반려동물과 잘 지내는 법에 대해 익히도록 해야 한다.

· 반려동물이 먹고 있거나 잠자고 있을 때, 새끼를 돌보고 있을 때는 건드리지 않는다.
· 반려동물에게 가까이 갈 때는 먼저 주인에게 물어 본다.

· 반려동물이 테이블이나 침대 밑, 좁은 공간에 있을 때는 따라 들어 가지 않는다.
· 반려동물을 붙잡거나 당기거나 놀리지 않는다.
· 반려동물 앞에서 달리거나 비명을 지르지 않는다.
· 반려동물의 밥그릇이나 장난감을 갖고 놀지 않는다.
· 반려동물의 공격적인 행동과 표시의 변화를 조심해야 한다.
· 반려동물이 긴장하고, 웅크리거나 도망치려고 하고, 으르렁거리 거나 쉰 소리를 내는 경우, 짖거나 이상한 행동을 보이는 경우에는 동물병원에 데려가 진료를 받는다.
· 개가 수컷이면 중성화수술을 시키는 것이 좋다. 통계에 따르면 중 성화된 개에 비해 그렇지 않은 개가 3배 이상 잘 문다.
· 개에게 물렸을 경우에는 아이와 개를 함께 병원에 데리고 가서 진 료를 받는다.
· 개에게 물렸을 경우에는 감염이 되지 않도록 한 후 즉시 병원으로 간다.
· 반려동물의 예방접종과 구충제 복용을 정기적으로 한다.
· 반려동물과 야생동물의 접촉을 금한다.
· 반려동물의 배설물, 털, 비듬 등의 관리를 철저히 한다. 특히, 겨울 철에는 환기를 잘 하고 이불이나 카펫을 자주 청소한다.
· 반려동물과 입을 맞추거나 같은 식기를 사용하는 등 지나친 애정 표현은 삼간다.

아이와 개, 행복한 관계를 위한 성장단계별 교육법

박창진(한국HAB협회 회장)

출산 전 준비

부모가 적절하면서 이성적인 기준을 지키고 몇 가지 점을 주의하면 아이와 개는 가장 좋은 친구가 될 수 있다. 하지만 교육하고 준비하지 않으면 모든 개와 아이가 잘 지낼 수 있는 것은 아니다. 함께 잘 지내려면 양쪽 모두 상당한 교육이 필요하다.

우선 사회화 교육이 되어야 한다. 모든 연령, 성별의 다양한 사람과 친화되도록 하는 사회화는 모든 반려견에게 필수적이다. 개가 주로 집 안에서만 생활해 외부의 낯선 환경이나 사람에 대해 거부감을 가진다면 아기와 함께 지내기 어려울 수 있으므로 준비를 시작해야 한다.

임신 계획이 있거나 임신 사실을 확인했다면 그 순간부터 반려견과 아기의 동거를 체계적으로 준비해야 한다. 아기가 태어난 후에 하면 늦다. 조용히 엎드려 기다릴 줄 알고, 뛰어오르지 않고, 줄을 매고 얌전히 따라 걸을 줄 알아야 하며, 부를 때는 즉시 와야 한다는 것은 선택사항이 아니라 필수사항이다.

만일 반려견이 이런 교육이 전혀 되어 있지 않다고 해도 임신 기간인 10개월은 반려견 교육에 충분한 시간이다. 출산을 계획하고 있다면 반려견의 교육과정도 그 계획 안에 포함시켜야 한다.

소형견은 대부분 집에서 아기처럼 대접받고 살아왔을 확률이 높은

데 이런 경우는 하루에 일정 시간 동안은 무시하거나 혼자 두는 연습을 시작해야 한다. 또 대개의 경우 침실이나 아기방에는 개가 출입하지 못하도록 하는 것이 좋으므로 이 교육을 먼저 시킨다. 아기용 의자, 유모차 등 집 안에 새롭게 등장할 용품과도 익숙해질 시간을 주고, 미리 유모차 옆에서 따라 걷도록 연습시키는 것도 필요하다. 아기의 장난감이 개의 장난감과 다르다는 것도 교육시키고, 아기 울음소리를 녹음기를 통해 미리 들려주거나 아기 냄새가 나는 물건을 미리 주어 적응시키는 것도 필수적이다.

영아기(생후 12개월까지)

처음 며칠간은 아기와 개를 격리시켰다가 만나게 한다. 개가 아기에게 다가가 냄새를 맡고 파악할 수 있는 기회를 주어야 하며, 그때 칭찬을 하거나 간식을 주면 좋다. 개가 아기 근처에서 조용히 앉아 있거나 엎드려 있도록 해야 하며 그때마다 간식을 주거나 칭찬을 해 아기 옆에서 어떻게 행동해야 하는지도 가르친다. 개가 있을 때는 아기를 바닥에 눕히지 말고, 개가 아기에게 다가갈 때 소리치거나 때리지 않아야 한다. 이 시기에는 대부분의 문제가 개에게서 시작되므로 개의 사회화와 기본 교육이 중요하다.

개들은 호기심을 가지고 다가서기도 하고 때로는 무시하기도 한다. 부모가 개를 올바르게 대하고 원칙적으로 행동한다면 이런 적응 기간은 곧 지나간다. 사실 같은 집에 산다고 해도 갓난아기는 개와 놀거나 만날 일이 거의 없으므로 부모가 조금만 주의하면 문제가 생길 가능성은 적다.

이 시기에는 개도 충분한 운동과 정서적인 욕구충족이 이루어지도록 해줘야 한다. 아기가 도착한 것이 개의 생활에 큰 변화를 가져온

다면 개도 역시 크게 변할 수 있다. 아기가 도착한 후 개에게 이상한
행동이 나타난다면 즉시 수의사나 훈련사 등에게 문의해야 한다.
특히 개가 있는 다른 집에 아기를 데리고 갈 때는 주의해야 한다.
남의 집의 개는 우리 아기에게 익숙하지 않을 수도 있으므로 위험
한 상황이 벌어질 가능성이 훨씬 높다.

유아기(만 1~6세)

아기가 아장아장 걷기 시작하는 시기가 되면 문제가 발생할 가능성
도 높아진다. 아기는 개에 대해 모르면서도 개를 그냥 내버려 두지
않기 때문이다. 특히 세 살에서 다섯 살 정도의 아이는 개를 상당히
괴롭힌다. 따라서 서로간의 접촉 시간을 조절해 주는 것이 모두에
게 평화로울 수 있다.

아기가 걷기 시작하면 개를 줄에 묶어 보호자 옆에 엎드리게 하고
아기를 관찰하게 한다. 아기가 움직이는 것을 보며 조용히 엎드려
있으면 충분히 칭찬하고 보상한다. 그렇게 개는 아기와 친해지기
시작한다.

걷기 시작하는 아기가 집에 있으면 온 식구가 아기를 따라다니느라
하루 종일 정신없이 바쁘고 지친다. 이때 개가 외로움을 느낄 수 있
으니 잊지 말고 개에게도 함께하는 시간을 할애해 줘야 한다.

이 시기 아기는 개를 만지고 밀고 귀나 꼬리를 잡아당기기도 하므
로 문제가 발생할 수 있다. 문제가 발생하지 않도록 개의 사회화 교
육, 기본 교육을 끊임없이 체크해야 한다.

아동기(만 7~12세)

아이들은 몸집이 작고, 개와 눈높이가 비슷하며, 목소리 톤이 높아 시끄럽

고, 움직임이 빠르고, 손놀림이 거칠 때도 있고, 예측 불가능한 행동을 하기도 한다. 이런 이유로 만 7세 미만의 아이와 개가 함께 있을 때 문제가 생기는 경우가 많으므로 부모가 신경을 써야 한다.

아이가 8세 이상이 되면 개와 함께하면서 얻을 수 있는 것이 많다. 책임감이나 인내심, 공감능력, 애정 등을 배울 수 있다. 하지만 아이가 개를 교육시키거나 또 올바른 방법으로 개를 다루는 것을 기대하기 어려우므로 아이에게 개를 만지고 다루는 방법을 가르쳐야 한다. 귀나 꼬리를 잡아당기거나 개 앞에서 뛰거나 개를 때리거나 구석으로 몰아넣거나 자고 있는 개를 귀찮게 해서는 안 된다는 것을 가르친다. 물론 개에게도 아이가 자기 몸의 모든 부분을 만져도 가만히 있고, 먹을 것이나 장난감을 치워도 안정적으로 있도록 가르친다.

또한 아이의 집 밖에서의 생활이 시작되므로 외부에서 개를 만났을 때의 행동방법에 대해서도 가르쳐야 한다. 자기가 아는 개라고 해도 주인 허락 없이 가까이 가서는 절대 안 된다. 특히 개가 묶여 있는 경우 개 주변에서 뛰어다니거나 나무막대기 같은 것으로 약을 올리거나 찌르거나 돌을 던지는 등 개를 자극하지 않도록 부모가 아이에게 가르쳐야 한다.

개는 사회적 동물이다

개는 사회적 동물이다. 아주 작은 아이가 무리에 있는 경우 서열상으로 개는 아이를 자기와 동등하거나 아래로 볼 수 있으므로 문제가 발생할 수 있다. 개가 아이의 말을 듣지 않을 수도 있고 의도된 행동은 아니지만 아이와 부딪혀 아이를 넘어뜨릴 수도 있다. 사료나 간식 가까이에 아이가 다가오면 으르렁거릴 수도 있고 함께 놀자고 다가오는 아이에게 이빨을 드러내거나 물 수도 있다. 부모는 이러한 개의 행동을 잘 관찰하고 문제가 생기면 빠른 시간 내에 전문가의 도움을 받아야 한다.

개가 성인을 무는 것은 공격성 때문이라기보다 공포 때문인데 아이의 경우는 경고성으로 무는 경우도 있다. 자신이 불편하다는 경고로 으르렁거리거나 이빨을 드러내는데 그 이후에도 멈추지 않으면 물 수 있다. 하지만 이렇게 무는 것은 강한 경고의 의미와 처벌의 의미가 있으므로 상대에게 상처를 주는 것을 목적으로 하지는 않는다.

하지만 아이의 피부는 매우 약해서 개의 경고성 행동에도 큰 상처가 날 수 있다. 아이들이 이러한 개의 언어, 즉 개가 보내는 신호를 알아차리는 것은 어려우므로 아이가 개에게 물린 경우는 대부분 부모가 개의 신호를 파악하는 법, 위험 상황을 예방하는 법을 모르기 때문이다.

개는 개처럼 행동하고 아이는 아이처럼 행동하는 것이 당연하므로 모든 책임은 부모에게 있다. 부모는 개에게 스스로의 감정과 행동을 조절하는 방법을 가르쳐야 하고, 아이에게도 개와 생활하는 방법에 대해 가르쳐야 한다. 혹시라도 아이가 개 때문에 놀라거나 개에게 물리는 등의 경험을 한다면 신체적인 부분보다는 정신적인 충격이 더 클 수 있다. 그러므로 아이가 개와 다시 친해지도록 천천히 도와주는 것이 필요한데 어려움에 부딪치면 전문가의 도움을 받는다. 반려동물 관련 안전사고의 책임은 개도, 아이도 아닌 부모에게 있음을 잊지 말자.

인수공통질병이란 '동물과 사람이 함께 걸릴 수 있는 질병'으로 동물에서 사람으로 전파되기도 하고, 사람에서 동물로 전파되기도 한다. 대표적인 것이 광우병과 광견병이고, 최근에는 조류독감, 사스 등이 중요한 질병으로 대두되고 있다.

인수공통질병 중 바이러스, 세균, 진균 등이 동물에게서 사람에게로 옮겨올 수 있는 경우로는 결핵, 탄저병, 브루셀라, 렙토스피라, 페스트 등 종류가 매우 다양하다. 그중 많은 것은 소, 돼지 등 가축이나 야생동물에게서 옮을 수 있는 것이고, 개나 고양이에게서 옮을 수 있는 것은 살모넬라균에 의한 장티푸스, 광견병, 톡소플라스마, 파스튜렐라균에 의한 파스튜렐라병 등이다.

장티푸스, 광견병, 톡소플라스마는 감염된 반려동물에게서도 장염, 발열, 발작 등의 증상이 나타나기 때문에 반려동물이 이런 증상을 보이면 일단 아기와 격리시킨 후 빨리 동물병원에서 진단과 치료를 받으면 된다. 또 손을 깨끗이 씻고, 날음식 섭취를 자제하며, 반려동물에게 광견병 예방접종을 시키는 등의 일반적인 관리만으로도 충분히 예방 가능하다. 평상시 반려동물이 아무 증상 없이 보유할 수 있는 것은 파스튜렐라균인데, 주로 개나 고양이의 입 안에 있는 정상적인 상재균으로 존재하므로 물리지 않으면 사람에게 문제를 일으키지는 않는다. 물렸을 경우라도 병원에서 처방하는 항생제를 복용하면 치료할 수 있다.

그러므로 반려동물 관리와 환경을 청결히 하고 이상 증세를 보일 때 바로 대처한다면 실내에서 키우는 반려동물에게서 질병이 옮는다고 해도 두려워할 필요는 없다.

인수공통질병 예방을 위한 관리 지침

강종일(충현동물병원 원장)

· 조류나 외래종 희귀동물은 믿을 수 있는 곳에서 분양받아야 한다.
· 어떤 동물이라도 입양한 직후 수의사와 상담하고 건강검진을 반드시 받는다.
· 노인이나 아이는 반려동물을 만진 후, 특히 식사하기 전에 손을 깨끗이 씻는다.
· 반려동물과 키스를 한다든지 얼굴을 핥게 두는 것은 피한다.
· 함부로 야생동물이나 유기동물과 접촉하지 않는다.
· 동물의 배설물은 즉시 처리한다.
· 쓰레기는 반려동물 감염의 원인이 될 수 있고, 사람에게도 위험요소가 될 수 있으므로 위생적으로 관리한다.
· 아이들이 가지고 노는 장난감이나 놀이기구는 동물의 배설물이 닿지 않도록 한다.
· 파충류나 양서류를 만질 때는 가급적 일회용 장갑을 착용한다.

· 반려동물의 벼룩이나 진드기를 구제한다.

· 살고 있는 지역이 각종 전염병 발생 고위험 지역이면 반려동물에게 그 질병에 대한 예방접종을 실시한다.

· 반려동물이 질병에 걸렸다면 즉시 수의사에게 검진을 받는다. 질병에 걸린 동물은 아이와의 접촉을 피하고 격리시키는 것이 좋다.

· 반려동물의 정기검진과 예방접종을 실시한다.

· 조류와 외래종 희귀동물은 반드시 내부/외부 기생충 검사를 실시하고, 분변검사를 통해 감염성 기생충 검사를 실시한다.

· 개나 고양이는 생후 3주부터 기생충 구제를 시작한다.

· 심장사상충 예방약을 정기적으로 투여한다.

· 잘못 알고 있는 그릇된 정보는 버리고 관련 서적이나 전문가와 상의하여 바른 정보를 습득하여 반려동물을 기른다.

앞에서 살펴봤듯이 실제로 반려동물이 아기에게 병을 옮기거나 다치게 하는 등의 사고는 많지 않다. 오히려 반려동물을 버리라는 주위의 압력에도 지지 않고 반려동물을 지켜냈는데도 아기에게만 신경을 쓰다 보니 반려동물에게 미안해 차라리 다른 곳으로 보내는 것이 낫지 않을까란 생각을 하는 반려인이 많다. 물론 아기를 돌보느라 육체적으로 힘들고 갑자기 늘어난 일과 변화된 일상에 스트레스를 받아서 순간적으로 그런 생각을 할 수는 있지만 반려동물이 어느 곳으로 간들 함께 살던 가족과 사는 것보다 행복하지는 않을 것이다.

아기가 클 때까지는 반려동물에게 조금 소홀해질 수 있음을 전제로 하여 미안한 마음을 떨치고 최대한 함께 잘 지내는 방법을 고민해야 한다. 실제로 아기가 생기고 우울증이 생기거나 퇴행 현상을 보이면서 안 하던 행동을 하는 반려동물도 있다. 동물도 성격이 다양하기 때문에 예민한 동물의 경우 충분히 그럴 수 있으며, 특히 혼자서 귀여움을 독차지했던 동물의 경우는 박탈감 때문에 정신적·신체적으로 이상증상이 나타날 수 있다. 필자의 개도 아기가 태어난 후 피부 습진이 심해지고 없던 안구건조증이 생기더니 식분증이 오기도 했다. 시간이 지나고 아이와 함께하는 생활이 그리 나쁘지 않음을 알게 되면서 저절로 없어졌다.

아기가 생긴 후 반려동물도 행복해질 수 있는 가장 좋은 방법은 아이와 함께 있는 시간이 동물에게도 행복한 시간으로 기억되는 방법이다. 아기와 잘 놀면 칭찬하고, 바쁜 부인 대신 산책은 남편이 맡는 등 반려동물이 행복해하는 시간을 뺏지 않는다. 반려동물에게 아기와 좋은 친구가 되었으면 좋겠다는 이야기를 자주 들려주는 것도 좋다.

육아를 시작한 초반에는 아기와 공간을 분리시켜 키우는 경우도 많은데 반려동물이 스트레스를 받는다고 해도 어느 정도의 격리는 불가피하다. 일단 격리한 상태에서 종종 만나게 해 친근감을 높인 다음 본격적으로 함께 지내도록 하는 것도 좋다.

아기가 생기면 반려동물로서는 이전에 경험해 보지 못한 서운한 일도 생기고 그런 반려동물을 보면서 미안한 마음이 들 수 있다. 하지만 어차피 사람이나 동물이나 새로운 생활에 적응하려면 적응 기간이 필요하고 불편함을 조금씩 감수한다면 적응 기간은 쉽게 지나가게 마련이다. 최대한 느긋한 마음을 갖도록 노력하는 것이 중요하다.

출산 전에는 '강아지하고 아기하고 다 같이 잘 키워 봐야지.'라고 다짐했지만 막상 닥치면 아기 돌보기만으로도 정신이 없다. 게다가 아기는 여러모로 약한 상태이니 의도와 상관없이 반려동물은 늘 뒷전으로 밀린다.

게다가 아기와 반려동물을 함께 키우느라고 너무 힘드니 좀 도와달라고 터놓고 말할 수 있는 사회 분위기도 아니다. "개 없애면 되잖아!"라는 대답이 돌아올 확률이 100%이기 때문이다. 아마도 반려동물과 아기를 함께 키우면서 어려운 점 중 하나가 주위의 도움을 받기 어렵다는 것이다. 그러다 보니 반려동물 먹이기, 씻기기, 산책하기, 병원 가기 등의 일상적인 일도 전쟁이 되고, 밀려나고 방치되어 스트레스 받는 반려동물을 보면 마음이 복잡해진다.

이런 상황에서는 같은 처지의 사람이 도움이 된다. 온오프라인 동물 관련 커뮤니티에서 맺게 된 인연은 이 난국을 헤쳐 나가는 큰 지원군이다. 푸념 글을 올리면 맞다고 긍정해 주고, 위로해 주고, 급하게 도움을 청하면 단기 위탁이라도 해줄 수 있기 때문이다. 그러니 아기를 낳기 전에 동물 커뮤니티를 통해 도와줄 수 있는 사람을 알아 두는 것도 힘든 시기를 극복할 수 있는 좋은 방법이다.

출산 후 산후우울증을 겪는 임산부들이 많다. 가벼운 산후우울증은 분만 후 3~5일 사이에 눈물이 나고 화가 나며 슬프고 불안한 감정 상태를 보이는 것으로 일주일 정도 지나면 사라지는데 산모의 80%가 경험한다.

산후우울증의 원인으로는 급격한 호르몬 변화, 갑상선기능저하 등의 생리적 요인과 출산 공포의 해소, 산후불편감과 통증, 수면장애, 피로, 육아에 대한 불안감 등의 심리적 요인이 있다. 또한 배우자나 다른 가족의 지지 부족도 원인이 될 수 있는데, 특히 최근에는 핵가족화, 맞벌이부부, 개인주의적 성향 등의 사회현상 때문에 산후우울증이 증가할 수 있는 요인이 많아지고 있다. 하지만 2주가 지나도 이런 증상이 사라지지 않는다면 병원을 찾아 진료를 받아야 한다.

모든 일에 짜증과 무기력감을 느끼는 이런 상황에서 반려동물을 돌보는 일은 더 큰 부담으로 다가올 수 있다. 물론 반려동물이 엄마가 산후우울증을 견디는 데 큰 역할을 담당할 수도 있지만 사람이나 상황에 따라서는 반대 역할을 할 수도 있다.

산후우울증을 이기는 데 가장 중요한 것은 가족, 특히 배우자의 전폭적인 지지와 따뜻한 배려이다. 산후우울증이 아니더라도 익숙하지 않은 육아에 몸도 마음도 지치고 잠이 부족한 상태에서 반려동물까지 돌봐야 할 상황이 되면 산모는 스트레스에 취약해지고 예민해진다.

그러므로 반려동물의 산책, 목욕 등을 남편이 기쁜 마음으로 맡아주면 부인이 산후우울증 시기를 건너는 데 큰 도움이 된다.

이 시기에 반려동물을 다른 곳으로 보내야겠다고 생각하는 사람도 있다. 안 그래도 힘든데 배우자나 주위 어른이 반려동물을 없애라고 압력을 가하면 맞설 기력도 없고 스스로 벗어나고픈 마음도 있기 때문이다. 하지만 이 시기를 견디지 못하고 반려동물을 충동적으로 다른 곳에 보낸다면 두고두고 죄책감과 미안함에 시달릴 것이다.

그러므로 이 시기에는 미리 배우자와 대화를 많이 나누어서 정서적인 지지를 받을 수 있도록 해야 한다. 특히 반려동물에 관한 부분에서도 배우자의 역할에 대해 미리 약속을 받아 두면 좋다.

그럼에도 불구하고 너무 힘들다면 이 기간 동안에만 남의 도움을 받을 수 있다. 장단기 위탁이 그것이다. 동물과 함께 살아본 경험이 있는 친지나 동물동호회 회원 등에게 잠시 맡기거나 동물병원이나 안전한 위탁전문업체 등을 이용한다. 잠시 떨어지는 것은 마음 아프지만 아예 보내 버리는 것보다는 좋은 방법이다.

반려동물 위탁업체

반려동물을 장단기로 맡길 수 있는 위탁업체는 여럿 있지만 믿고 맡길 수 있는 곳은 많지 않다. 다른 사람의 말만 믿고 맡기지 말고 사전에 미리 찾아가서 둘러보고 운영자와의 인터뷰 등을 통해 위탁업체의 경영이념이나 운영방식, 위생상태, 동물 관리 상태 등을 꼼꼼히 살핀 후 결정해야 한다. 위탁비용이 만만치 않다는 것도 염두에 두어야 한다. 관련 분야 사람들에게 추천받은 곳을 소개한다.

아롬나옴 안심위탁 프로젝트 http://blog.naver.com/errorfree5

아름뜰 http://cafe.naver.com/qhrtlfqhrtlf

번개네 애견호텔 http://cafe.daum.net/happydoghotel

지금까지 이야기했던 수많은 의학적 근거가 사실 어른들에게는 잘 통하지 않는 경우가 많다. 귀한 손주가 '더러운 짐승'과 한 집에서 지내는 것 자체가 어른들로서는 이해하지 못할 일인데, 자식이 반려동물을 없애지 않겠다고 우기는 경우에는 갈등의 골만 깊어진다. 특히 그런 갈등이 시부모님과 며느리 사이에 벌어진다면 복잡한 상황이 연출된다.

이런 분위기에서 혹시 아기가 감기에 걸리기라도 하면 그 책임은 온통 죄 없는 반려동물이 뒤집어쓴다. 과연 이 문제에 대한 해결책이 있을까? 해결책은 없다고 할 수 있다. 해결책을 내기가 어려운 이유는 어른들의 성향과 가족이 처한 상황이 매우 다양하기 때문이고, 아무리 과학적인 데이터를 내밀어도 인정해 주지 않는 비이성적인 상황이기 때문이다.

이런 상황에서 가장 먼저 할 일은 내 편을 많이 만드는 것이다. 무엇보다 배우자가 내 편이 되어 주어야 한다. 시댁과의 갈등이라면 남편이, 처가와의 갈등이라면 부인이 내 편이 되어 주어야 이길 수 있다. 그러므로 문제가 불거지기 전에 부부가 임신 기간 동안 아기와 반려동물을 어떻게 함께 키울지, 문제가 생겼을 때 어떻게 대처할지 많은 이야기를 나누어야 한다. 특히 시댁과의 갈등일 때 남편이 반려동물 편이 되어 준다면 웬만한 난관은 거뜬히 헤쳐 나갈 수 있다.

당장 갖다 버리라는 어른들에게 가장 쉽게 내놓을 수 있는 대안이 '격리'이다. 반려동물의 공간을 베란다나 빈 방에 만들어 펜스를 치고 아기와 절대 직접 접촉하지 못한다는 것만 알려 드려도 꽤 안심하기 때문이다. 이런 모습만 보여 줘도 버리라는 압박의 수위는 많이 낮아질 수 있다.

이것도 용인되지 못할 정도의 어른이라면 부모님이 집에 오실 때마다 반려동물을 잠시 다른 집에 맡기거나 위탁업체에 맡겨도 된다. 이렇게 하면 일단 눈에 보이지 않고 집에서 냄새도 덜 나므로 관심을 끊을 수 있다. 실제로 이런 방법으로 어른과의 갈등에 대처하는 선배 엄마들이 많다.

의사의 조언을 이용하는 것도 좋은 방법이다. 어른들은 의사의 말이라면 진리로 여기는 경우가 많으므로, 함께 찾은 산부인과나 소아청소년과에서 의사가 "상관없어요. 함께 키우셔도 됩니다."라는 말만 해준다면 일이 쉽게 풀릴 수 있다. 주치의 선생님께 도움을 청하여 임산부의 심리적 안정을 위해서도 반려동물과 함께하는 것이 좋음을 알려주는 것도 좋은 방법이다.

장기적인 대처법으로는 아기를 낳기 전부터 어른과 반려동물이 만날 수 있는 기회를 자주 만드는 방법이 있다. 반려동물은 대체적으로 인간 친화적이므로 동물이 보여 주는 살가운 모습에 마음을 열고 정이 들 수 있기 때문이다. 마당에 묶여 남은 밥이나 먹던 '개', '도둑 고

양이'만 알고 있는 분들에게 반려동물로서의 개와 고양이를 소개시
켜 주면서 동의를 구한다. 이때 반려동물이 기본 교육이 잘 되어 있
어서 명령에 따라 움직이는 훈련된 모습을 보여 준다면 어른들의 마
음을 바꾸기가 훨씬 쉬울 것이다.

　이런 여러 가지 방법으로도 어렵다면 아기가 자랄 때까지 친지나
전문업체에 장단기 위탁을 맡기는 것도 문제를 해결하는 좋은 방법
중 하나이다.

지금까지의 내용은 '반려동물은 결코 태아와 영유아에게 해롭지 않다.'는 것에 초점이 맞춰져 있었지만 사실 반려동물과 영유아를 함께 키울 때의 장점은 굉장히 많다. 실제로 반려동물과 아이를 함께 키우는 사람은 수많은 장점을 경험하고 있으나 연구가 충분하지 않아 의학적으로 검증된 내용이 부족한 것이 문제이다.

많은 사람들은 기형아 출산, 세균이나 기생충 감염, 사건, 사고, 알러지 발생에 대한 불안을 많이 이야기하지만 앞에서 하나하나 언급한 것과 같이 대부분 위험도가 낮거나 예방이 가능하다. 그에 비해 영유아가 반려동물과 함께 성장할 때 얻을 수 있는 이점이 더 많다.

자연보다는 인공적인 환경에 둘러싸여 성장하는 도시의 아기들은 면역력을 적절하게 증가시켜 줄 항원에 노출될 기회가 적다. 이럴 때 위험도가 낮은 반려동물의 항원에 지속적으로 노출되어, 위험한 질병에 직면했을 때 대처할 수 있는 능력을 훈련을 통해 얻을 수 있다. 소를 키우는 사람은 천연두에 걸리지 않는다는 사실에 착안해 소의 바이러스인 우두를 이용해 천연두 백신을 만든 것과 같은 원리이다. 이것은 반려동물이 줄 수 있는 가장 큰 면역학적 장점이다.

하지만 무엇보다 소중한 것은 정서적인 부분이다. 그 부분에 대해 연구를 시작한 사람은 미국의 소아정신과 의사인 보리스 레빈슨으로, 1962년 실험을 통해 반려동물이 아동의 놀이상대로 중요한 역할을 한다는 사실을 처음으로 검증했다. 또한 1984년 미국 퍼듀대학 수의학 교수 벡과 정신과 의사이자 미국 펜실베이니아대학 명예교수인 캐처가 발표한 논문에 따르면 아이들은 반려동물과의 놀이를 통해 운동량이 증가하고 감각이 발달한다고 했다. 1982년 미국 국립보건원 연구원인 피즈, 클라크 등이 시행한 반려동물 기르기의 이점에 대한 연구에서 반려동물이 연구대상인 아이 중 일부에게 건강상 상당히 긍정적인 영향을 끼쳤다고 보고했다. 또한 1983년 미국 덴버대학의 심리학 교수인 하터는 유아가 가족과 함께 반려동물을 돌보는 과정에서 자신의 연령에 적절한 과업을 수행할 때 자신의 능력에 대한 자신감을 갖게 된다고 했다.

1995년 영국 워릭대학 심리학 교수인 맥 니콜라스와 콜리스는 반려동물은 유아에게 외로움을 감소시켜 주고 정서적 지지를 제공하며 비밀을 보장해 주는 대화상대가 되어 준다고 발표했다.

그외 반려동물을 키우는 가정의 유아가 타인에게 더 쉽게 감정이입을 한다는 점, 언어 발달이 더 빠르다는 점 등이 여러 연구의 결과로 검증되었다.

이런 여러 측면을 종합해 볼 때 영유아와 반려동물을 함께 키우는 것이 아이의 일생에 도움이 되는 정서적·면역학적 도움을 받을 수 있다니 이보다 더 좋을 수는 없다.

5장

한국에서 반려동물과 아이
함께 키우기

반려동물과 아이 함께 키우는 반려인 설문조사

　　　　임신, 출산과 함께 키우던 반려동물을 버리는 일은 유독 우리나라에서만 많이 일어나는 특이한 현상이다. 무엇 때문일까? 그 이유가 과학적·의학적으로 의미가 있다면 우리나라보다 반려인구 비율이 훨씬 더 높은 선진국의 부모가 이를 무시할 리 없다. 아무리 반려동물을 좋아한들 자기 새끼보다 더 중요하지는 않기 때문이다.

　아직 한 번도 이 문제에 대한 체계적인 연구나 조사가 이루어지지 않아 정확한 통계를 얻을 수 없어 출판사에서 자체적으로 간단한 설문조사를 실시했다. 유독 우리만 임시과 출산을 이유로 버려지는 유기동물이 많은 이유를 알아야 그 대처법도 찾을 수 있기 때문이다. 물론 유기동물이 발생하는 원인 중 임신, 출산으로 인한 비율이 얼마나 되는지에 대한 역학조사는 없다. 이미 버린 사람을 찾아가 원인을 알아보는 것 자체가 불가능한 일이기도 하지만, "우리나라에서 임신, 출산으로 버리는 경우가 많기 때문에 신혼부부에게는 가능하면 입양시키지 않는다."는 동물보호단체 활동가의 말을 굳이 빌리지 않더라도 주변에서 흔하게 벌어지는 일이라 통계보다 몸으로 체감하는 것이 오히려 더 정확할 것이다.

설문조사는 현재 반려동물과 아이를 함께 키우고 있는 반려인 90명을 대상으로 2010년 3월에 진행했다. 부족하지만 임신, 출산과 반려동물 버리기 간의 상관관계에 대한 첫 번째 조사인 이 설문결과가 반려동물과 임신, 육아에 관한 오해를 바로잡는 데 도움이 되기를 바란다.

결혼과 함께 반려동물을 버리는 것이 상식?

결혼을 하면서 또는 결혼 후에 키우던 반려동물을 없애라는 압력을 양가 부모, 배우자, 지인, 의사 등에게 받은 적이 있다.

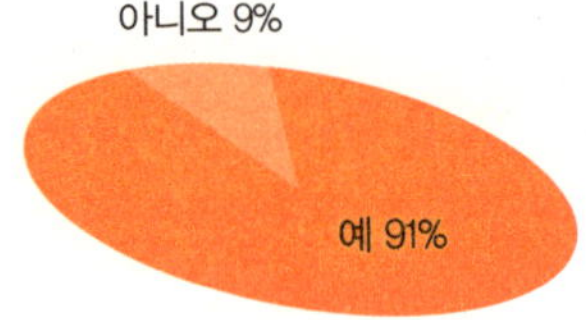

'예'라고 답했다면 어떤 이유였나?

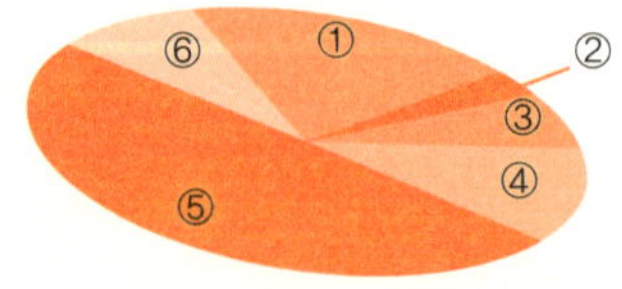

① 동물을 키우면 아이가 생기지 않는다. 18.9%

② 부부 사이에 문제가 생긴다. 2.9%

③ 기형아를 낳는다. 6.6%

④ 집안일 하기도 힘든데 동물을 돌볼 시간이 없다. 12.4%

⑤ 반려동물이 아이에게 병을 옮긴다. 49.6%

⑥ 기타 9.5%

반려동물과 아이를 함께 키우는 데 가장 심하게 반대한 사람은?

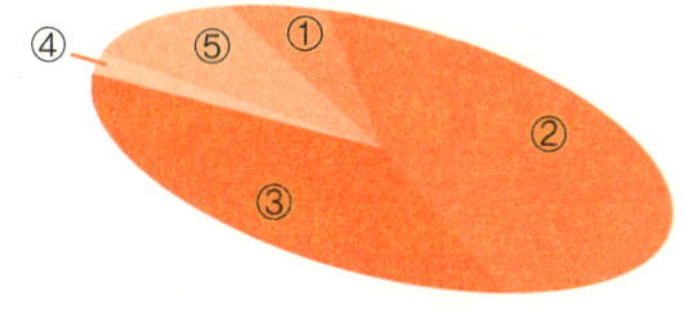

① 배우자 5.9%

② 시부모님 등 남편 쪽 식구 46.1%

③ 친정 부모님 등 부인 쪽 식구 33.4%

④ 주치의 등 의료진 2.9%

⑤ 기타 11.8%

　　결혼 후에 주변 사람들로부터 반려동물을 없애라는 말을 들었다는 반려인이 91%였다. 91%라는 결과는 거의 모든 반려인이 결혼과 함께 키우던 반려동물을 없애라는 이야기를 들은 것으로, 한국의 반려인은 결혼을 축하한다는 말과 함께 반려동물을 없애라는 압박을 당하는 현실을 그대로 보여 주고 있다.

　　특히 이어지는 설문결과는 반려동물을 임신과 동시에 버리는 것이 아니라 결혼과 함께 버려야 하는 존재로 여겨짐을 보여 준다. 반려동물을 버리라는 사람들이 든 이유 중 '동물을 키우면 아이가 생기지 않는다(18.9%)'의 비율이 두 번째로 높았기 때문이다. 흔히 임신 중 기형이나 출산 후 아이에게 병을 옮길까 봐 아이 키우는 집에서 반려동물을 꺼린다고 알고 있었는데 이제 반려동물은 불임의 원인까지 뒤집어쓰고 있으니 임신을 했으니 버리는 것이 아니라 결혼과 함께 버려야 하는 존재가 되어 버렸다.

물론 육아 때 감염(49.6%), 임신 중 기형(6.6%), 부부 문제(2.9%) 등
도 여전히 지적당하는 문제이다. 실제로 반려동물과 불임, 기형, 감
염 등의 상관관계는 의학적으로 전혀 연관이 없거나 예방하면 아무
문제가 없는데도 불구하고 여전히 잘못된 정보에 의한 막연한 두려
움 때문에 생명을 버리고 있다. 또한 집안일 하기도 힘든데 동물을
돌볼 시간이 없다는 이유로 동물을 버리라는 주장도 12.4%나 되었
다. 이는 현재 우리나라에서 반려동물은 아직도 귀여울 때 함께 살다
가 귀찮아지면 버려도 되는 '애완동물' 수준을 벗어나지 못하고 있음
을 여실히 보여 준다.

주변 사람들이 반려동물을 버려야 하는 이유로 지적한 것을 살펴
보면 결혼을 하고 임신, 출산, 육아 과정 중 생길 수 있는 거의 모든
문제임을 알 수 있다. 결혼 후 부부 관계, 불임, 기형에 대한 불안,
질병 감염에 대한 우려 등은 일상적인 생활의 고민인데 그 모든 원
인을 반려동물에게 지우고 있으니 우리나라에 사는 반려동물은 많이
억울할 것 같은 결과이다.

반려동물과 아이를 함께 키우는 데 가장 심하게 반대한 사람으로
는 시부모님 등 남편 쪽 식구 46.1%, 친정 부모님 등 부인 쪽 식구
33.4%로 양가를 합치면 79.5%로 거의 대부분의 압박을 가족으로부
터 받는다고 할 수 있다. 이는 동물을 집 안에서 키운다는 것 자체를
이해하지 못하는 부모 세대와의 문화 충돌이기도 하고, 결혼하고도
부모로부터 경제적·심정적으로 온전하게 독립하지 못하는 우리의
가족문화와도 관계가 깊다고 할 수 있다.

기타 의견에는 이웃, 직장 동료, 먼 친척 등도 있었다. 평소에는

관심도 없던 먼 친척이 명절에 만나 "결혼 안 하냐?", "취직했어?"라고 하듯이 반려인이 결혼이나 임신을 했다고 하면 자동으로 "그럼 개 치워야지?", "고양이 없애야지?"라는 말이 튀어나오는 것이다. 마치 관심과 애정의 표현인 것처럼. 심지어 임신 중 개와 산책하고 있는데 지나가는 사람에게 "임신했으니 개 치워야겠네요."라는 말을 들은 응답자도 있었으니 우리나라에서 '임신하면 반려동물 버리기'는 너무 당연한 명제가 되어 버린 듯하다.

물론 반려동물을 꼭 지키겠다고 마음먹은 반려인들이야 그런 말쯤 흘려 듣겠지만 안 그래도 이런저런 잘못된 정보에 흔들리던 반려인이라면 이런 말 한 마디가 결정적일 수 있다. 아무래도 우리나라의 반려인들은 반려동물을 끝까지 지키려면 굳건한 의지와 함께 말도 안 되는 사람의 의견쯤 무시할 수 있는 무심함도 배워야 할 듯하다.

불임도, 기형도 다 반려동물 때문?

임신이 늦은 경우, 그것이 반려동물 때문이라는 이야기를 들은 적이 있다.

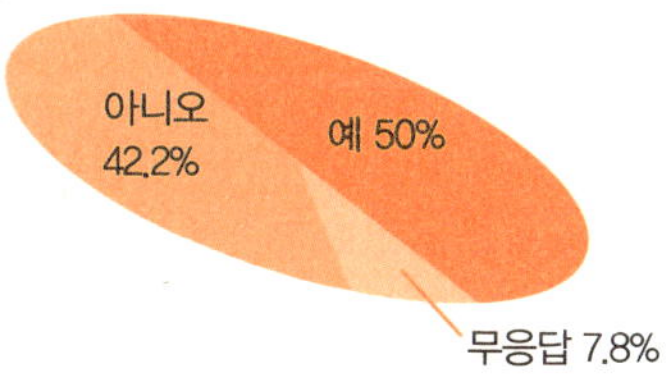

임신 중에 반려동물 때문에 기형아에 대한 불안감이 생긴 적이 있다.

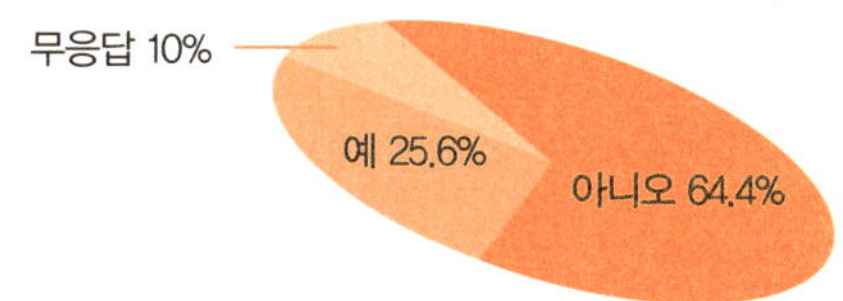

임신과 관련된 질문에서는 근거 없는 의학 정보가 반려인에게 얼마나 큰 영향을 끼치는지 알 수 있다. 임신과 반려동물은 아무 상관이 없는데도 반려동물 때문에 임신이 안 된다는 말을 들은 경우가 50%나 되었다. 반려동물이 모성애를 자극해 임신이 안 된다는 것인데 의학적으로 전혀 근거가 없는데도 반려인을 끊임없이 괴롭히는 속설 중 하나이다.

또한 반려인 스스로도 기형에 대한 불안을 느끼고 있었다. 반려동물 때문에 기형에 대한 불안감을 가졌던 적이 있다는 대답이 25.6%나 되었다. 검증되지 않은 정보가 매스미디어와 온라인을 통해 퍼지면서 객관적으로 판단하기 어려운 반려인의 불안감이 느는 것이다. 스스로 불안감을 느끼면 타인의 말에 쉽게 귀 기울이게 되고 더 쉽게 없애겠다는 결정을 내린다. 반려인 스스로 올바른 정보를 찾아보는 노력도 필요하지만 무엇보다 반려동물과 사는 것 자체가 막연하게 위험한 일로 치부되는 사회 분위기부터 바뀌어야 할 것이다.

반려동물 없애라고 권유하는 의사 많아

임신 기간이나 아이를 키우던 중에 의료진으로부터 기형아 위험, 소아 질병의 위험 때문에 반려동물을 없애라는 이야기를 들은 적이 있다.

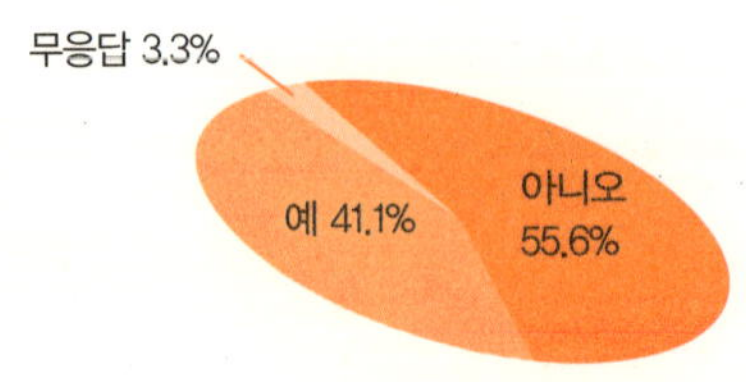

의사의 말은 환자들에게 굉장한 권위를 갖는다. 산부인과를 찾은 임신부, 소아청소년과를 찾은 부모는 의사의 말에 절대적 신뢰를 보내고 그들의 지시를 별 의심 없이 따른다. 그런데 우리나라 의사들은 반려동물 없애라는 말을 너무 쉽게 하는 경향이 있다. 설문조사 결과에 따르면 임신, 육아 기간 중에 의사에게 반려동물을 없애라는 이야기를 들은 경우가 41.1%나 되었다. 아니라고 답한 응답자 중에는 의사가 없애라고 할 것이 뻔하기 때문에 반려동물이 있다는 이야기를 일부러 하지 않았다고 대답한 경우도 있음을 감안할 때 반려인이 의사로부터 반려동물을 버리라는 권유를 들은 비율은 더 높을 것이다.

산부인과에서는 기형, 소아청소년과에서는 알러지 등을 이유로 반려동물을 없애라고 말한다. 산부인과에서는 톡소플라스마로 인한 기형의 위험을 이야기하면서 고양이가 아닌 톡소플라스마 감염과 상관도 없는 개를 없애라고 한다거나 예방을 위한 생활법 등에 관한 이야기는 전혀 하지 않는다. 소아청소년과에서는 알러지의 원인이 반려동물로 판명된 것도 아닌데 알러지를 예방하는 차원에서 반려동물을 없애라고 하기도 한다.

실제로 국내에서 반려동물에 의한 기형 출산은 사례도 거의 없고, 그 원인이 반려동물이라고 확인된 경우도 없다. 의사가 말하는 '반려동물에 의해서 감염될 수도 있다.'라는 말이 원론적으로 틀린 말은 아니지만 감염된 사람도 거의 없고, 예방 가능하다면 그 이야기를 함께 해주어야 한다. 의사가 무심코 건넨 한 마디 때문에 한 생명이 사라질 수 있다는 책임감이 필요하다.

실제로 외국에 거주하는 반려인들도 한국의 친지들로부터 전화로 듣는 "임신했으니 개랑 고양이 없애야지."라는 말 때문에 두려워서 병원을 찾았다는 경우가 있었다. 워낙 반려동물과 함께 임신, 육아 기간을 보내는 것이 아무 문제도 되지 않는 문화에 살면서도 한국의 지인들로부터 듣는 이야기 때문에 두려움이 생겨 전문가를 찾은 것이다.

하지만 수의사, 산부인과 의사 모두에게 아무 문제 없다는 이야기를 듣고 안심했고, 고양이를 키우는 반려인의 경우는 주의사항에 대해 들었다는 것이 전부였다.

이에 비해 우리나라의 의사에게 반려동물은 아직도 마당에 묶여 살고 예방접종도 하지 않으며, 구충도 안 된 예전의 개나 거리에 떠도는 길고양이와 별반 다르지 않은 것 같다. 이제는 집 안으로 들어와 정기적으로 건강검진을 받고, 구충을 하며, 위생적으로 살고 있는 반려동물로의 인식 전환이 필요하다.

무엇보다 반려동물을 버리라는 갖은 압박에도 잘 버티던 반려인이 의사의 말에 힘을 얻은 부모의 압박으로 결국 반려동물을 거리로 내몬다는 것을 알아주었으면 좋겠다. 안 그래도 반려동물과 아이를 함께 키우는 것이 못마땅했던 어른들에게 버리라는 의사의 한 마디는 천군만마를 얻은 듯 몰아치는 힘이 되기 때문이다. 잘못된 문화를 바꾸기 위한 반려인과 의료진의 공조가 필요하다.

기형? 감염? 몸이 힘들어서 보내고 싶더라

스스로 반려동물을 한 번이라도 없애야겠다고 생각한 적이 있다.

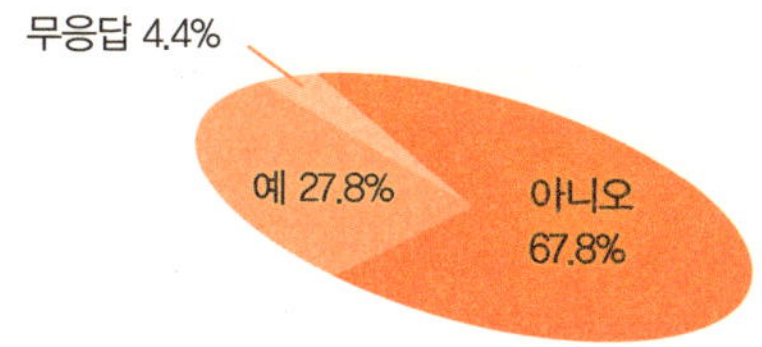

'예'라면 그 이유는?

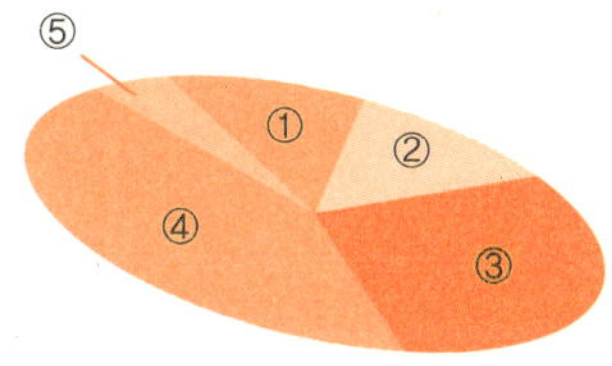

① 주변의 반대가 너무 심할 때 12.0%

② 기형아, 아이 질병 등에 대한 불안감이 생길 때 12.0%

③ 임신하고 아이를 낳고 키우면서 육체적·시간적으로 너무 힘들 때 33.4%

④ 출산 후 반려동물을 잘 챙겨 주지 못해서 미안할 때 44.4%

⑤ 기타 5.6%

온갖 시달림에도 반려동물을 굳건히 지켜낸 반려인들도 임신, 육아 기간 동안 반려동물을 없애야겠다는 생각을 한 번이라도 했을까? 이 질문에 예라고 답변한 사람은 27.8%로 아니라고 답한 사람의 반도 되지 않았지만 의지 충만한 그들이 잠시라도 흔들렸던 이유는 무엇일까?

사람들이 생각하듯이 기형이나 감염에 대한 우려가 아니었다. 가장 많은 대답은 출산 후 반려동물을 잘 챙겨 주지 못해서 미안할 때(44.4%), 육체적·시간적으로 너무 힘들 때(33.4%)였다. 실제로 선배 반려인들이 밝힌 아이와 반려동물을 함께 키우기 힘든 원인은 자신의 문제였다.

기형, 감염 등의 문제는 잘못된 정보라는 것을 알고 있기 때문에 문제가 되지 않았다. 하지만 아이가 태어나고 갑자기 늘어난 가사, 육아 노동 때문에 지친 상태에서 반려동물도 돌봐야 하니 더 잦은 청소, 엄격한 반려동물 위생관리 때문에 일이 배가 되어 지쳐서 순간적으로 나쁜 생각이 스치기도 하는 것이다. 게다가 아기에게 신경을 집중하다 보니 관심도 못 받고 소외된 반려동물을 보며 드는 미안함에 '다른 집에 보내는 것이 더 행복하지 않을까?'란 생각을 하게 된다.

물론 이런 생각이 자기 몸이 힘드니 드는 이기적인 생각이라는 것을 알기에 곧 마음을 다잡지만 실제로 임신, 출산 기간을 잘 견뎌내고도 육아를 하면서 반려동물을 다른 곳으로 보내는 경우가 많다. 게다가 산후우울증까지 겹치면 순간적으로 올바르지 못한 판단을 할 수 있으므로 이 시기에는 육아만으로도 버거운 엄마를 위해 다른 가족이 청소, 반려동물 관리 등을 맡아주는 것이 필요하다.

반려동물은 이미 가족! 어딜 보내?

많은 반대와 편견에도 불구하고 함께 살던 반려동물을 다른 사람에게 보내지
않은 이유는?

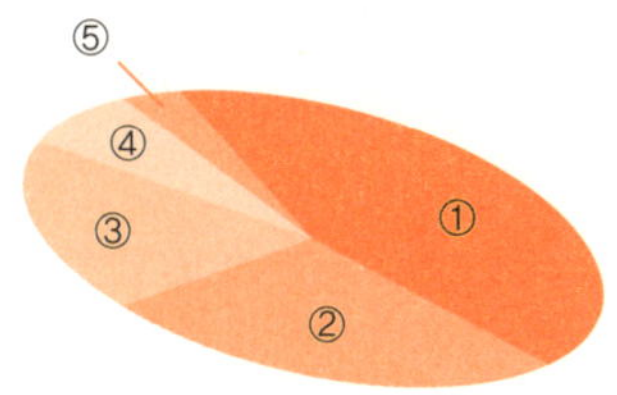

① 가족이기 때문에 어떤 이유에서든 떨어진다고 생각할 수 없으므로 42.4%

② 다른 사람에게 보내면 그 이후는 어떻게 될지 장담할 수 없으므로 생명에
   대한 책임감 때문에 26.5%

③ 사람들의 반대가 모두 오해와 잘못된 지식으로 인한 거짓 정보임을 알기
   때문에 18.9%

④ 반대가 심했지만 배우자가 든든한 버팀목이 되어 줘서 8.3%

⑤ 기타 3.8%

　설문에 응한 반려인들은 갖은 압박에도 불구하고 끝내 반려동물을
지켜낸 사람들이다. 그 과정이 녹록지 않았을 텐데 지켜낼 수 있었던
힘은 무엇이었을까? 이 물음에 42.4%의 응답자가 '가족이기 때문에'
라고 답했다. 새로운 가족이 생긴다고 함께 살던 가족을 내모는 것은
상식적이지 않기 때문이다. 물론 이 결과에 대해 '짐승이 가족은 무
슨'이라고 생각한다면 더 이상의 대화는 어렵다. '짐승'과 '가족'의 간
극은 너무 크기 때문에.
　다음으로 많은 대답이 생명에 대한 책임감(26.5%)이었다. 실제로

굳이 임신, 출산이 아니더라도 '이사를 해서, 아이가 개 때문에 공부를 안 해서……' 등의 이해 못할 이유로도 반려동물을 버리고 그 끝은 참담하다. 첫 번째 가족이자 주인이었던 사람이 버린다면 두 번째 사람이 버리기는 더 쉬울 것이고, 흔히 "좋은 시골 농장으로 보냈어."라는 말은 1미터도 안 되는 줄에 묶여 살거나 보신용으로 여름을 넘기기 힘든 시골개의 운명을 안다면 쉽게 하지 못할 선택이다. 실제로 시골 아는 집에 보내 주겠다고 데려갔다가 연락이 끊기거나 죽었다는 연락을 받거나 결국 식용견으로 팔려간 사연은 차고 넘친다. 이런 상황이기에 한 생명에 대한 무거운 책임감으로 갖은 압박을 견뎌내게 되는 것이다.

물론 한 생명을 오롯이 지키려면 사람들이 말하는 이야기가 잘못된 정보라는 확신(18.9%), 배우자의 지지(8.3%) 등도 도움이 된다.

준비하고 노력한 사람만이 반려동물을 지킬 수 있다

반려동물과 아이를 함께 키우기 위해 임신, 출산 전에 준비해야 한다고 생각하는 것은?

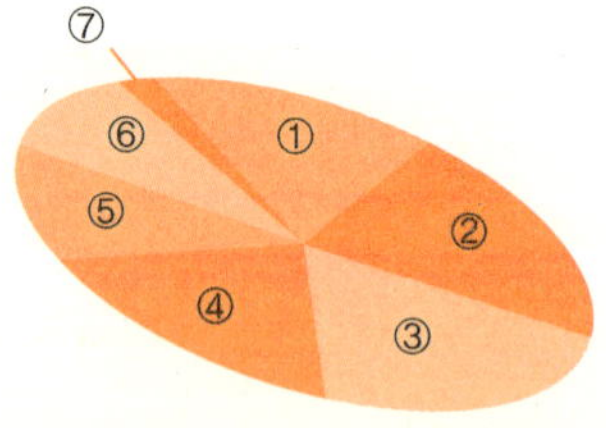

① 아이를 무는 등의 사고가 생기면 안 되므로 기본적인 복종 훈련이 필요하다. 15.7%

② 아이가 태어나면 반려동물에 대해 소홀해질 수 있으므로 건강검진을 하고, 털을 짧게 깎는 등 반려동물의 건강을 먼저 챙겨야 한다. 19.9%

③ 기생충 구제, 예방접종, 스케일링 등 태어날 아기의 건강과 집 안 위생을 위해서라도 반려동물의 건강을 챙길 필요가 있다. 21.8%

④ 아이와 반려동물을 함께 키울 때의 주의점이나 준비할 점 등에 대해 먼저 공부해 두고 마음의 준비를 해야 한다. 17.2%

⑤ 아이와 반려동물을 함께 키우다가 문제가 생겼을 때 '키우지 말자.'라는 이야기가 쉽게 나오면 안 되므로 적어도 배우자를 철저하게 내 편으로 만들어야 한다. 11.8%

⑥ 아이와 반려동물을 함께 키우면서 종종 남의 도움이 급하게 필요할 때가 있다. 급할 때 편하게 도움을 요청할 수 있는 가족이나 친구, 온라인 동물 이웃 등을 마련해 두는 것이 좋다. 11.2%

⑦ 기타 2.4%

반려동물과 아이를 함께 키우고 있는 선배들이 경험을 바탕으로 후배 반려인들에게 해주는 조언은 '준비하라.'는 것이다. 아무 생각 없이 있다가 개회충이 아이에게 감염될까, 개가 아이를 물지 않을까 괜한 걱정하지 말고 그렇게 되지 않도록 미리미리 준비하라는 것이다. 준비하면 육아 기간이 괴로운 것이 아니라 행복해질 수 있다.

준비 항목은 반려동물 기생충 구제, 예방접종, 스케일링 등 태어날 아기를 위한 준비(21.8%), 출산 후에 소홀해지는 반려동물의 건강 챙기기(19.9%), 반려동물과 아기 함께 키우기에 대한 공부(17.2%), 기본교육(15.7%) 등이 그것이다. 실제로 이런 준비를 하지 않으면 반려동물과 아이 함께 키우기는 위험한 일일 수 있다.

반려동물의 위생관리가 되어 있지 않다면 감염 위험이 있는 것이 사실이고, 교육이 되지 않은 개에게 아기가 물릴 수 있는 것도 사실이기 때문이다. 아무 준비도 하지 않고 있다가 아기를 낳은 후에 감염이 두렵고, 아기를 무는 것이 두려워 반려동물을 버린다면 그것은 반려동물의 문제가 아니라 예상 가능한 일임에도 준비하지 않은 사람의 책임이다.

또한 아이가 태어나기 전에 아군을 만들어 놓는 것이 중요하다고 말하고 있다. 특히 배우자를 내 편으로 만드는 것은 매우 중요하다. 특히 버리라는 시댁과 지키려는 며느리의 갈등이라면 남편의 지지가 절대적으로 필요하다.

또한 언제라도 반려동물을 맡길 수 있는 사람 한 명은 꼭 대비해 두어야 한다. 가족이어도 좋고, 친구, 반려동물 동호회 회원이라도 좋다. 급한 일이 생겼을 때 맡길 사람이 없으면 늘 동동거리게 되고 그러다가 지치니 출산 전에 꼭 한 명의 긴급 지원군을 마련해 두라고 선배들은 조언한다.

반려동물과 자란 아이는 얻는 것이 많다

많은 반대와 편견에도 불구하고 현재 반려동물과 아이가 함께 크고 있다. 반려동물과 아이를 함께 키우면 어떤 장점이 있는가?

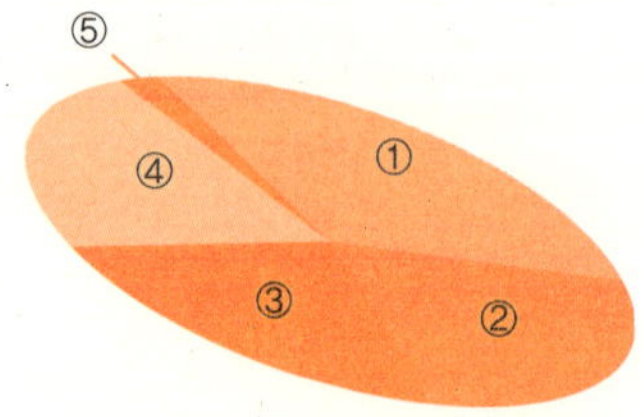

① 아이가 생명의 소중함을 알고 감성지수가 높다. 29.9%

② 아이와 반려동물이 함께 평화롭게 지내는 모습을 보다 보면 가족이 함께 웃는 횟수가 많아진다. 24.2%

③ 부모가 반려동물을 보살피는 모습을 보거나 아이가 반려동물에게 직접 밥을 주고 함께 산책하는 생활 속에서 책임감을 배운다. 21.4%

④ 형제자매가 많지 않은 상황에서 반려동물은 아이에게 든든한 형제, 자매이자 친구이다. 21.9%

⑤ 기타 2.5%

반려동물과 아이를 함께 키우는 집에 대한 사회의 시선은 따갑지만 사실 함께 사는 그들은 개의치 않는다. 단점보다 장점이 훨씬 많기 때문이다. 반려동물과 자라는 것이 어떤 도움이 되느냐는 질문에 감수성(29.9%), 밝은 성격(24.2%), 형제애(21.9%), 책임감(21.4%) 등을 배우게 된다고 대답했다. 살펴보면 모두 앞으로 아이들이 살 시대에 요구되는 중요한 항목인 사회성, 감성지능 등과 연결되는 것이니 반려동물과 사는 아이는 태어나지마자 선행학습을 히는 것인지도 모른다. 사실 반려동물과 함께 자란 아이에게 정서적인 장점이 여러 가지 있다는 것은 이미 세계적으로 많은 연구결과가 나와 있다.

정서적 장점 이외에 건강상의 장점도 많다고 대답한 응답자들도 있었지만 반려인이 객관적으로 입증할 수 없는 것이라 답변 항목에서 제외했다.

매스미디어 반려동물 보도의 무책임한 확대 재생산

방송 내용, 언론 기사를 100% 믿는 것이 문제

딱히 설문조사 결과를 보지 않더라도 한국에서 임신, 육아 중인 반려인이 어떤 시선을 받으며 반려동물과 사는지는 불을 보듯 뻔하다. 주변에서 너무 흔히 보고 접하기 때문이다. 임신 중인 반려인에게 '개 치워야지?', '고양이 보내야지?'라고 말을 건네는 것을 어렵지 않게 볼 수 있다. 걱정하는 듯 너무 쉽고 자연스럽게 생명을 치우라고 말하는 사람들. 그것이 너무 자연스러워서 반박하기도 무색한 지경인 것이 지금의 우리 사회이다.

마당에 묶어 키우면서 먹다 남은 밥이나 먹이고, 평생 목욕 한 번 시키지 않고 키우다가 복날이면 잡아먹었으니 개에게 예방접종을 하거나 구충제를 먹이라는 말 자체가 이해 불가인 부모 세대는 그렇다고 해도 반려동물문화를 접해 본 젊은 세대가 그런 말을 할 때면 깜짝 놀란다. 앞 세대에 비해 온오프라인의 각종 매체를 통해 관련 정보를 얻을 기회가 많은 젊은 세대마저 왜 이렇게 잘못된 생각을 갖게 되었을까?

그 책임의 많은 부분은 TV, 신문, 서적 등 각종 매스미디어가 져야 할 것이다. 많은 사람들은 언론을 통해 전해지는 내용은 100% 맞다고 생각한다. 하지만 과연 그럴까? 방송 프로그램을 만들고 글을 쓰는 피디나 기자는 전문가가 아니다. 전문가에게 조언을 듣고 프로그램을 만들고 기사를 작성하는 데 취재가 부족하거나 선입견을 갖고 취재를 하거나 자칫 작은 문제를 확대 해석하거나 과장하면, 전달하려던 내용이 왜곡되기 마련이다. 전문가 의견 또한 제각각일 수 있고 전문성이 부족한 사람을 전문가로 소개하며 인터뷰할 때도 있다. 그래서 언론 기사를 곧이곧대로 믿지 말고 걸러서 들을 줄 알아야 한다.

공포심, 흥미만 유발하는 언론 보도

우리나라에서 반려동물문화가 시작된 역사는 그리 길지 않다. 그만큼 이 분야 전문가도 많지 않고, 관련 연구도 적다. 그러다 보니 문제가 발생했을 때 객관적으로 정보를 전달해 줄 전문가도, 반려동물문화를 분석해 줄 만한 전문가도 적은 실정이다. 이런 상황에서 반려동물 문제를 편협한 시각으로 다루다 보니 잘못된 정보를 전달할 가능성이 높아진다. 또한 각종 매체가 난립하는 요즘 같은 시대에 선정적인 소재로 눈길을 끌고자 한다면, 우리 사회의 복잡한 사회 관계에서 절대 약자에 속하는 반려동물만 한 소재도 없다.

대개 언론에서 다루어지는 반려동물의 모습은 천편일률적이다. 반려동물의 귀여운 모습, 신기한 재주나 감동적인 이야기를 가진 동물을 보여 주는 예능 프로그램, 요즘은 개랑 고양이도 스케일링을 하

고 장례식을 한다는 '개 팔자가 상팔자'류의 기사, 복날 동물보호단체
의 퍼포먼스를 다룬 포토뉴스 정도이다. 대체로 이 범주를 벗어나는
프로그램이나 기사는 별로 없다. 그러다 보니 기사를 읽다 보면 서로
베끼고, 매번 같은 사람을 인터뷰하여 비슷한 말을 얻어낸다. 특히
'개 팔자가 상팔자'라는 기사 제목은 이제 그만 보고 싶다. 뻔한 제목
의 뻔한 기사. 여기에 간혹 반려동물 관련 사건, 사고 뉴스가 곁들여
지는 것이 전부이다.

제대로 된 반려동물문화가 자리잡지 못한 상황에서 뿌리 깊게 박
힌 개나 고양이에 대한 선입견에 더해 반려동물문화에 대한 이해가
깊은 전문가도 절대적으로 부족하니 완성도 높은 기사를 쓰거나 프
로그램을 제작하는 것은 쉬운 일이 아니다. 그러니 이런 상황에서 제
작된 프로그램이나 기사내용을 100% 신뢰하는 것은 위험한 일이다.
그것은 신문기사나 TV 뉴스, TV 프로그램, 관련 서적, 잡지 등 모든
영역에 전부 해당된다.

2005년 MBC 뉴스 '애완견이 사람에게 옴을 옮겼다'

2005년 10월 12, 13일 이틀에 걸쳐 MBC 뉴스에서는 '애완견이 사
람에게 옴을 옮겼다.'라는 제목의 뉴스를 내보냈다. 경기도 고양, 일
산 지역 소재 5개교와 의정부 지역 소재 1개교 등 경기 북부 지역 학
교에서 집단 피부질환이 발생했고 그 원인을 애완견이라고 밝힌 것
이다.

이에 대해 대한수의사회와 세계소동물수의사회(WSAVA) 산하 단
체인 한국동물병원협의회는 즉각 정정보도를 요청했다. 사람의 옴진

드기와 개의 옴진드기는 전혀 다른 별개의 종류라 개의 옴이 사람에게 전염되더라도 자연적으로 바로 사라지는데도 불구하고 잘못된 기사를 시청률이 높은 시간대의 뉴스에 내보냄으로써 국민에게 막연한 불안감을 부추겼다는 주장이었다. 실제로 보도에서는 환자로부터 옴진드기를 채취해 확인하는 등의 전문적인 진단 과정을 거치지도 않고 개의 옴진드기에 의한 것이라고 추측 보도했다.

보도에서는 또한 '애완동물에 옴진드기가 발병하더라도 증상이 눈에 띄지 않아 주변 사람들이 모르기 십상'이라고 했지만 사실은 전혀 다르다. 개에게 옴진드기가 생기면 털이 빠지고 뾰루지가 나고 부스럼이 많이 생기면서 극심한 가려움증을 호소하기 때문에 반려인이라면 누구나 발병 여부를 쉽게 알아볼 수 있다. 정확한 취재와 충분한 검토 없이 전문 지식이 없는 일부 담당자의 말만 듣고 하는 보도의 문제점을 여실히 드러낸 사례였다.

한국동물병원협의회는 방송 이후 수의사들이 수많은 반려인들에게 '개가 사람에게 옴진드기를 옮기는 주범인데 왜 그런 말을 하지 않았냐?', '개가 옴진드기를 옮긴다는데 우리 개를 병원에서 처분해 달라', '개가 옴진드기를 옮긴다는데 당장 갖다 버리겠다.' 등의 항의를 많이 받았다고 전했다. 안 그래도 당시는 계속되는 경기침체와 일부 언론사의 반려동물과 관련된 과장보도와 오보 때문에 유기동물이 늘어나고 있는 상황이었기에 옴진드기의 잘못된 보도로 인해 유기견이 더 늘어나게 된 것이다.

한국동물병원협의회는 방송국에 정정보도를 요청하며 전문적인 자료를 첨부했다. 미국의 의학 관련 학술 데이터베이스인 펍메드

(http://www.pubmed.org)의 검색 결과 전세계적으로 개의 옴진드기가 사람에게 집단적으로 발병한 보고는 없으며, 미국질병통제예방센터의 자료와 수의기생충학 박사인 전남대학교 수의과대학 신성식 교수에게 자문을 받아 개의 옴진드기는 인체 피부에서 번식하지 않으며 사람 사이에서 전파되지도 않는다는 자료를 첨부했다.

정정보도 요청서에는 같은 뉴스 시간대에 정확히 보도해 줄 것을 요구하고 정정보도가 나가지 않는다면 언론중재위원회에 제소할 것이라고 밝혔다. 결국 방송국에서는 재취재를 통해 정정보도를 내보냈고 일은 일단락되었다. 하지만 언제나 그렇듯 정정보도는 한 번 잘못 나간 보도의 파급 효과에 미치지 못한다. 따라서 정확한 언론 보도의 중요성이 요구되는 것이다.

2004년 KBS 〈환경스페셜–질병의 사각지대, 애완동물의 경고〉

반려동물 관련 보도와 관련해서 2004년 2월에 방송된 KBS의 〈환경스페셜–질병의 사각지대, 애완동물의 경고〉를 빼놓을 수 없다. 당시 이 프로그램은 여러모로 눈에 띄는 주제였다. 당시는 2002년 전후로 반려동물 붐이 일면서 반려동물이 급속하게 늘어났던 때였다. 한 방송국의 동물 관련 예능 프로그램이 인기를 얻으면서 반려동물을 충동적으로 입양하는 사람이 늘었고, 반려동물 산업은 최대 호황을 누렸다. 2004년 이후 경기침체 여파로 주춤거리기는 했지만, 2003년은 반려동물 산업이 7000억 원 규모로 커질 만큼 당시로서는 정점을 찍은 해였다.

이렇게 급격히 팽창하던 반려산업이 주춤하면서 2004년은 사람들이 반려동물문화를 되돌아보는 계기가 되었던 때이다. 한국펫산업협회에 따르면 2004년은 반려견 보유 가정수가 2001년에 비해 1.3배 증가한 데 비해 반려용품시장은 그 몇 배로 신장했다고 한다. 수요에 비해 공급이 비정상적으로 팽창한 상태라 거품이 빠지는 자연스러운 조정 국면을 겪고 있는 시기가 그 즈음이었다. 반려동물문화는 반려인과 관련 업체 등 여러 주체가 함께 만들어 간다고 했을 때 당시는 반려동물문화에 대해 함께 고민을 시작하던 시기라고 할 수 있다.

특히 우리나라가 반려동물을 받아들이는 데 가장 부족했던 점은 '왜'와 '어떻게'였을 것이다. 서구 사회에서 반려동물은 사냥과 목축업에 함께 참여하면서 집의 재산을 불리고 지키는 구성원으로 자연스럽게 자리 잡았다. 하지만 우리나라는 남은 밥이나 처리하던 마당의 개에서 같은 공간을 나눠 쓰는 가족의 일원으로 신분이 급격히 상승한 것에 비해 그에 대한 고민이 부족했다. 우리나라의 다른 분야와 마찬가지로 짧은 시간 내에 급격한 변화가 이루어졌고 별다른 성찰 없이 마치 유행처럼 동물을 가족으로 받아들이면서 시행착오와 갈등도 불거졌다. '왜' 반려동물을 가족으로 받아들여서 '어떻게' 함께 살 것인지에 대한 성찰이 절대적으로 부족한 상태였다.

흔히 언론에서 앵무새처럼 늘 똑같은 수식으로 보도하듯이 '외롭고 소외된 현대인의 친구'이기에 받아들인 것인가? 귀여워하고 예뻐하기만 하면 반려동물과 사는 것은 아무 문제도 없는 것인가? 이런 간단한 질문에도 쉽게 대답하지 못할 정도로 반려인도 이 사회도 진지한 고민과 성찰이 절대적으로 부족했다.

이런 상황이었기에 이 프로그램은 상당히 적절한 시기에 제작되었다. 지금도 그렇지만 당시에 반려동물을 주제로 한 프로그램은 많지 않았고 사람들은 반려동물과 '왜 사는지'와 '어떻게 사는지'에 대한 해답을 기대했다. 실제로 당시는 산책 시에 배변봉투를 지참하는 등 반려인이 지켜야 하는 매너, 반려동물 교육의 필요성, 반려동물과 위생적으로 건강하게 함께 사는 방법 등에 대해 반려인에게 알려 줄 필요가 있는 시기였다.

하지만 이 프로그램의 주제는 그것이 아니었다. 제목 그대로 전적으로 반려동물과 함께 사는 위험성에 초점이 맞춰졌고 그 의도는 그대로 사람들에게 전해졌다. 방송 직후 반려인들은 두려움에 떨었고 버려지는 동물도 급증했다. 이 프로그램은 현재까지도 각종 보도에 인용되고 있을 정도로 반려동물 관련 보도에 한 획을 그은 셈이라, 반려동물 관련 보도에 대해 이야기할 때 빼놓을 수 없다. 이 방송의 내용과 이후의 현상을 살펴보면 반려동물이 우리나라 언론에서 어떤 식으로 소비되는지 알 수 있기 때문이다.

이 프로그램은 네 부분으로 구성되었다. 1. 한국, 애완동물이 치명적 질병 옮기고 있다, 2. 미국, 애완동물 '프레리 도그'가 원숭이 천연두 옮기다, 3. 질병의 사각지대, 버려진 애완동물, 4. 수입애완동물, 건강 안전 위협.

반려동물과 함께 사람들에게 위생적인 생활을 경고하고, 관리되지 않은 유기동물에 의한 피해를 경고하며 미국의 애완동물 등록제를 소개하고, 행정당국에 의해 관리되지 않고 있는 외래종 희귀동물의 위험성과 검역 강화의 필요성을 제기, 위험할 수 있는 희귀동물 관리의 부재 등에 대해 지적하고 있다. 전체 구성은 2010년의 시각으로 봐도 굉장히 좋다. 동물 관련 예능 프로그램이 장수를 누리며 여전히 인기를 끌고 있지만 이런 식의 지적은 한 번도 볼 수 없었다. 특히 2010년에도 합법적인 방법으로 수입, 검역, 판매된 것인지 의심스러운 야생동물과 사는 모습이 아무 문제 의식 없이 전파를 타는 상황에서 굉장히 앞선 프로그램이라고 할 수 있다.

실제로 이 프로그램에서 소개한 반려동물 등록제는 6년이 지난 지금도 아직 한국에는 정착되지 않았으며, 위생관리를 철저하게 하지 않으면 감염의 위험이 있다고 프로그램에서 지적한 외래종 희귀동물과 사는 사람도 늘고 있다.

국립수의과학검역원이 한국갤럽연구소와 함께 조사한 〈2010년 동물보호에 대한 국민의식 조사 보고서〉에 따르면 고양이와 함께 사는 가정이 2006년 1.4%에서 2010년 1.7%로 소폭 증가한 반면에 개와 함께 사는 가정의 비율은 2006년 22.1%에서 4년 만에 16.3%로 감소해 전체적으로 2006년에 비해 5.2%나 감소했다. 반면 관세청 보고에 따르면 2010년 상반기 반려동물 수입규모가 1년 전에 비해 22.9% 늘어났는데 개의 수입은 줄어든 반면에 도마뱀 87%, 이구아나 28% 등 외래종 희귀동물의 수입이 대폭 늘어났다. 이렇게 외래종 희귀동물은 쉽게 반려동물로 삼아 함께 살 수 있지만 동물의 생태에 대한 지식과 정보는 아직 부족하고, 사고파는 행위에 대한 행정당국의 관리도 허술해 외래종 반려동물에 따른 위험성이 증가하고 있는 것이 사실이다. 이것이 2004년 환경스페셜에서 지적한 내용이 2010년에도 유효한 부분이다.

개회충은 개, 고양이기생충은 고양이에게서만 옮는 것이 아니다

반려동물과 함께 사는 방법에 대해 꽤 많은 문제제기를 한 이 프로그램이 굉장히 앞선 프로그램이고 시기적절했다는 것은 맞다. 하지만 문제의식을 제기하는 방법에는 분명 문제가 있었다. 확률이 적은 한 가지 사안을 부풀려 공포심을 조장했고, 확정적이지 않은 사안을 확정적으로 표현했으며, 반려동물문화가 앞선 외국의 정보를 다방면으로 참고하지 않았고, 예방법 등 정작 중요한 정보는 누락했으며, 화면은 지나치게 선정적이고 혐오스러웠으며, 동물 문제가 주제임에도 수의사는 배제한 채 의사의 인터뷰만 하는 편파성 등 여러 가지 문제점을 드러냈다.

이 프로그램에서 가장 충격적인 내용은 다섯 살 어린이가 개회충에 감염되어 실명되었다는 사례였다. 다섯 살밖에 안 된 아이가 시력을 잃었는데 어떤 방법으로도 복구가 어려워 평생 장애로 살아가야 한다는 내용은 아이를 가진 부모가 보았을 때 분명 공포 그 자체였다. 아이가 반려동물과 함께 살지 않아서 내레이션은 분명 '아이가 어디서 감염되었는지는 알 수 없다. 다만 놀이터 등 외부 어딘가에서 감염되었을 것으로 추측할 수 있다.'라고 했지만 프로그램의 흐름은 결국 반려동물에게 의혹을 넘기고 있었다. 반려동물과 함께 살다가 개회충에 감염된 성인 여성의 사례, 놀이터의 개회충 감염 문제, 유기동물 문제가 앞부분에서 자세히 설명되었기 때문이다.

이어지는 내용은 고양이기생충인 톡소플라스마에 감염된 임신부가 기형아를 낳은 경우였다. 제작진은 '아이 엄마는 집에서 기르던 고양이에게서 감염됐다.'라고 확정했지만, 이 사례의 경우 농촌에서 농사를 짓는 여성이라는 점을 감안할 때 소, 개, 고양이 등과 직접 접촉했고, 매일 흙을 만지고, 생야채도 많이 섭취했을 것이다. 생활 전체가 톡소플라스마에 노출되어 있기 때문에 단지 기르던 고양이에게서 감염되었다고 확정할 수 없는데도 불구하고 그렇다고 단정하는 문제점을 드러냈다.

위의 내용만 봐도 알 수 있듯이 많은 사람들이 개회충은 개에게서, 고양이기생충은 고양이에게서만 옮는다고 생각한다. 이름 때문에 분명 그렇게 오해할 수 있지만 적어도 TV 시사교양 다큐 프로그램이라면 그런 오해를 풀어주는 계도 내용이 들어 있어야 함에도 불구하고 오히려 부추긴 측면이 있다. 다른 경로를 통한 감염이 대부분인데도 그런 내용은 가볍게 지나가고, 정작 중요한 예방법은 빠졌기 때문이다.

우리나라의 개회충 발병은 반려동물의 동거가 아니라 식습관과 관련이 깊다. 많은 개회충 감염 사례를 살펴보면 발병하기 전에 소간, 천엽, 육회, 오리 간, 닭 간, 거위 간 등을 생식한 경험이 있었다.

2008년 삼성서울병원 소화기영상의학과 임재훈 교수팀은 개회충 감염 양성 반응을 보인 환자 104명 중 87.5%가 최근 1년 이내에 소의 생간을 먹은 것으로 나타났다는 연구결과를 《기생충학회지》에 발표했다. 임 교수는 소간이나 천엽, 닭, 오리, 염소 등의 간은 익힌 것이 아니면 날로 먹지 않는 것이 좋다고 권고했다.

2006년 식품의약품안전청은 국회에 우리나라 농촌주민 4명 중 1명이 개회충에 감염되었으며, 도시 성인도 12.8% 감염된 것으로 보고했지만, 11세 이하 어린이에게서는 개회충이 발견되지 않았다고 보고

했다. 생활환경이 동일한 조건임에도 불구하고 성인과 어린이가 다르게 나타난 이유는 개회충 감염은 생식을 하는 식습관과 연관이 큼을 반증한다. 쉽게 말해 어른은 생식을 했고, 어린이들은 생식을 안 한 차이이다.

따라서 생식만 줄여도 개회충의 위험에서 거의 벗어난다고 할 수 있다. 물론 반려동물에 의한 감염도 가능하지만 그것은 개에게 구충제를 먹이는 것만으로도 100% 피해 갈 수 있다.

고양이기생충인 톡소플라스마도 지역의 흙이나 물 상태에 따라 감염률이 달라지며 생선회나 날고기를 먹는 식습관에 더 많이 좌우된다. 그래서 서구의 의사들은 톡소플라스마 예방을 위해 생고기, 생야채를 먹지 말고 흙을 만질 때 조심하고 더불어 임신 기간에는 고양이 배설물 처리를 다른 사람에게 부탁하라고 조언하는 정도이다.

이처럼 개회충은 개, 고양이기생충은 고양이에게서만 옮는 것이 아니며, 다른 감염 이유가 훨씬 더 많고, 식습관과 생활습관만 바꿔도 100% 예방 가능하다. 이런 질환을 주요 원인이 마치 반려동물인 양 확대 해석하고 간단한 예방법은 소개하지도 않은 것이 이 프로그램의 문제점이다. 동물 관련 프로그램을 제작하면서 수의사에게는 자문을 구하지 않고 의사에게만 의존한 것도 문제점으로 지적된다.

이 프로그램이 제작된 시기는 반려인구가 급격히 늘어난 2004년이다. 이미 반려인구가 많은 상황에서 어떻게 하면 그들과 평화롭게 공존할 수 있는지를 고민했어야 함에도 불구하고 마치 반려동물을 배제하는 것을 부추기는 것처럼 구성됐다는 것이 이 프로그램의 가장 큰 문제점이었다. 〈환경스페셜〉은 환경과 동물권, 생명문제에 관심을 갖고 있는 사람들이 관심을 갖고 시청하는 프로그램이다. 그래서 더 아쉽다. 이 프로그램이 아프리카, 아마존의 야생동물에게 보이는 존중감이나 공존의 필요성만큼만 반려동물에게 보여 주었으면 하는 아쉬움이다.

검증 없이 인용하는 언론의 무책임한 확대 재생산

이 프로그램이 방영된 이후 언론에서는 개회충을 논할 때 '실명'이라는 단어로 수식하기 시작했다.

'애완동물 배설물에서 실명 유발 기생충(《한국일보》, 2004년 8월 12일)', '애완동물 배설물, 잘못하면 실명(《YTN 경제》, 2004년 8월 12일)', '개회충에 감염되면 실명할 수 있다(《여성동아》 2004년 9월호)' 식으로 제목에 등장하기 시작했으며, '애완견의 배설물에 존재하는 개회충에 감염돼 실명에 이른 것으로 추정(KBS 1TV 〈환경스페셜〉 2004년 2월 보도)된다(〈소비자시대〉 2004년 9월)'는 식으로 인용되었다. 이런 식으로 반복되면서 6년이 지난 지금도 온라인의 반려동물 모임, 임신·출산 모임에서는 '개회충 때문에 아이가 실명된다고 TV에 나왔다면서요? 개 계속 키워도 될까요?'라는 질문이 심심치 않게 등장한다. 그만큼 사람들의 뇌리에 깊이 박힌 것이다. 동물보호단체와 전문가, 반려인들이 아무리 아니라고 반박하는 글을 올려도 한 시간짜리 공중파 방송 프로그램의 위력 앞에서는 힘을 쓰지 못한다.

그런데 이런 논란의 와중에 5년 만에 같은 방송국에서 무책임하게 개회충 논란을 확대 재생산했다. 2009년 11월 KBS의 〈비타민〉에서 개회충으로 실명한 어린이의 사례가 다시 등장했다. 그런데 이 프로그램은 5년 전 〈환경스페셜〉의 내용과 영상 등 많은 부분을 그대로 가져다 사용하면서 5년 전에는 "아이가 어디서 감염되었는지는 알 수 없다. 다만 놀이터 등 외부 어딘가에서 감염되었을 것으로 추측해 볼 수 있다."라고 했던 내용을 "놀이터의 모래 장난으로 인한 개회충 감염으로 다섯 살 아이가 실명한 경우가 있다."라고 단정지었다. 전문가들도 놀이터에서 놀다가 개회충에 감염되어 실명한 사례가 보고된 적이 없다고 하는데도 불구하고 이 프로그램은 확정지어 방송했다.

또한 내레이션으로는 개회충 알을 섭취하면 감염된다고 하면서도 친절하게 재연된 사례와 화면만 봐서는 놀이터에서 놀다가 눈을 비비는 것만으로도 개회충에 감염되는 것처럼 오해할 수 있도록 했다. 때문에 이후에 '모래를 만지고 눈만 비벼도 개회충에 감염되나요?'라고 묻는 사람들이 생겼을 정도이다. 개회충은 모래 장난을 하던 아이가 눈을 비빈다고 절대로 감염되지 않는다. 개회충 감염 경로를 정확히 알리는 것이 중요한 이유는 '섭취'를 통한 감염은 아이가 음식을 먹기 전에 손을 씻게 한다거나 모래 장난을 하다가 과자 등을 먹지 못하게 엄마가 막을 수 있지만, 무심코 눈을 비비는 행동은 엄마가 일일이 다 막을 수 없다는 불안감이 있기 때문이다.

그리고 〈환경스페셜〉 때와 마찬가지로 개회충 감염의 다양한 경로에 대해서는 설명하지 않아 마치 개회충은 개를 통해서만 감염되는 것처럼 방송되었다. 실제로 소아청소년과 의사들은 먹는 것에 의한 어린이들의 기생충 감염을 경고한다. 어른들이 생선회, 육회 등 날 음식을 먹으면서 아이들에게 한 젓가락씩 주곤 하는 행동을 자제할 것을 권고한다. 아마 지금 성인 세대는 어린 시절 아버님이 술 안주로 드시던 날것의 소간, 천엽 등을 기름장에 찍어서 얻어 먹던 고소한 맛을 기억하고 있는 사람이 꽤 있을 것이다. 무심히 하는 이런 생활 속 작은 습관이 어린이들의 기생충 감염 경로가 될 수 있다. 이 프로그램이 5년 전의 〈환경스페셜〉과 달라진 점이라면 개회충 감염을 예방하려면 반려동물에게 정기적으로 구충제를 먹이고, 손 씻는 습관이 중요하다는 내용 정도를 가볍게 첨가한 것이다.

실제로 TV의 각종 예능 정보 프로그램에서 잘못된 정보를 방송하고 과장하는 사례가 비일비재하지만, 이에 대한 사람들의 항의와 반박에 성의 있는 태도를 취하는 방송은 별로 없다. 심지어 많은 생명이 버려지고 죽어 갈 정도로 심각한 악영향을 끼친 경우에도 마찬가지이다. 잘못되거나 부족한 부분에 대해 시인하지 않고 다른 의견을 무시하는 언론 권력의 문제가 비단 어제오늘 일은 아니지만 유독 반려동물 문제에 대해서는 더욱 보수적이다.

물론 언론의 선정적이고 전문성이 결여된 보도 행태가 우리만의 문제는 아니다. 2010년 8월 BBC 등 영국의 각종 언론 매체는 2세의 에이미 랭던이 공원에서 놀다가 개 배설물 위로 넘어져서 개회충에 감염되어 실명될 위기에 처했다고 보도했다. 그러자 수많은 한국 언론은 '개똥 조심, 2세 영아, 손으로 만졌다가 실명 위기' 등의 자극적인 제목을 달아 개회충으로 인해 어린 소녀가 실명하게 되었다며 발 빠르게 국내에 소식을 전했다. 원래 기사 자체가 전문성이 결여된 자질 부족인 기사임에도 불구하고 전문가에게 도움말조차 받지 않고 그대로 옮겨 적은 것이다. 이 기사로 반려인과 각종 온라인 반려동물

동호인 카페는 또다시 개회충에 대한 공포로 술렁거렸다.

반복하여 말하지만 개회충의 알이나 유충은 외부에서 사람의 눈
피부를 뚫고 들어가 기생하지 못한다. 사람이 섭취했을 때 알에서 부
화한 유충이 몸 이곳저곳을 돌아다니다가 성충이 되기 전에 다시 소
장으로 돌아오는데, 아주 드물게 뇌, 간, 폐, 눈으로 가서 문제를 일
으키는 것이다. 이런 간단한 개회충에 대한 설명이나 전문가의 조언
도 없이 무조건 기사를 선정적으로 작성하고, 그대로 베껴 쓰는 언론
의 행태는 이제 국경을 넘나들고 있다.

국내외 전문가들은 에이미의 경우 세균 감염에 의한 실명일 것으
로 보고 있다. 개회충의 알이나 유충은 눈이나 피부를 통해 감염될
수 없고, 섭취를 통해 감염된 후에도 수 개월이 지나야 증상이 나타
나는데 에이미는 72시간 만에 즉각 증상이 나타났기 때문이다. 그러
므로 이런 사례에서 주목할 것은 개회충의 감염 공포가 아니라 오히
려 많은 사람들이 함께 이용하는 공공장소에서 개의 배설물을 치우
지 않는 반려인의 매너에 대한 지적, 공원이나 놀이터에서 흙놀이를
즐기는 아이들에게 각종 감염을 막기 위해 놀고 난 후에는 꼭 손을
씻으라는 지도일 것이다.

BBC에서 에이미 사건을 방송한 직후 MBC 〈생방송 오늘 아침〉
프로그램에서는 '개 배설물 때문에 실명될 수도 있다?!'라는 제목으
로 개회충의 심각성에 대해 경고하는 내용이 방송되었다. 에이미의
엄마인 수전 랭던은 인터뷰를 통해 "이러한 일이 제 딸에게 일어나서
화가 납니다. 사람들은 자신들의 개에 대해 책임지지 않았어요."라고
성토했고, 개회충에 의한 실명 사례를 소개했다. 에이미의 경우 개

회충에 의한 감염일 수 없고 세균 감염에 의한 실명일 것이라는 이후 전문가들의 즉각적인 반박 보도에 대해서는 눈을 감은 것이다.

인터뷰한 안과 교수는 개회충 감염은 입으로 들어온 개회충의 충란이 부화하여 유충이 된 후 체내 장기에 문제를 일으킬 수도 있다고 분명히 '섭취'에 의한 감염을 이야기했다. 하지만 프로그램은 이어서 개회충의 감염 경로 3가지 중 하나로 '개회충의 유충이 눈이나 피부에 접촉했을 경우'를 소개했다. 개회충은 피부를 통해 감염되는 것이 아니라는 기본적인 의학적 정보조차 모르고 허술한 내용을 무책임하게 보도한 것이다.

보도 말미에 반려동물과 사람 모두 구충제 복용과 음식물을 먹기 전에 손을 씻는 습관이 예방에 도움이 되고 반려동물의 경우 개회충 감염률이 높지 않다고 밝혔지만 방영 동안 이어지는 '실명, 사지마비, 사망' 등의 단어는 시청자에게 공포를 조성하기에 충분했다.

개회충 감염은 앞으로 언론을 통해 더 이상 이런 식으로 소비되어서는 안 된다. 사람들에게 정확한 정보를 주어 올바른 판단과 예방을 통해 건강한 생활을 할 수 있도록 유도하는 공영적인 기능은 잃어버리고, 선정적인 제목과 기사, 확인되지 않은 정보로 사람들의 공포심을 유발하여 눈길만 사로잡는 보도 행태는 지양되어야 한다. 공원에 반려동물을 데리고 와서 배설물을 치우지 않아 에이미처럼 어린 소녀가 실명 위기에 처하는 상황을 유발시킨 무책임한 반려인들에게 책임을 묻는 것은 온당하지만 세균감염에 의한 실명을 개회충으로 둔갑시켜 사실이 아닌 것을 사실처럼 기사화해서 사람들에게 공포심을 부추기고 그로 인해 생명이 버려졌다면 그 책임은 어디에 물을 것인가? 과연 그 책임을 언론이 질 것인가?

현재 우리나라의 반려동물문화는 다양한 스펙트럼을 보이고 있다. 반려동물문화 선진국에서 직접 경험을 하거나 온라인을 통해 각종 외국 정보를 접한 반려인은 생명에 대한 책임의식과 정보가 미디어보다 앞서는 반면 아직도 동물은 마당에서 키우는 더러운 존재 정도로 생각하는 부모 세대와 개나 고양이는 귀여울 때 즐겁게 함께 지내다가 귀찮아지면 버려도 되는 '애완동물'로 보는 수준을 넘지 못하는 사람들이 공존한다. 이런 상황에서 각종 미디어는 반려인보다 못한 정보나 의식을 갖고 있는 경우도 많고, 아직 낮은 수준의 반려동물문화를 계몽, 계도할 의지도 없는 듯하다.

이렇기에 우리나라의 각종 미디어는 아직 생명의 문제를 오롯이 담을 수 있는 그릇이 못 되는 것 같다. 물론 모든 언론 매체에 인권을 넘어 동물권, 생명권까지 포괄해서 생명의 문제를 봐 달라는 요구는 너무 급진적일지도 모른다. 아직 많은 언론이 힘없고 가진 것 없는 사람들의 인권도 담보하고 있지 못하는데 동물까지 포함된 생명권이라니! 하지만 반려인과 비반려인이 반목하지 않고, 생명에 대한 책임감을 느끼고 상식적 매너를 갖춘 반려인들이 올바른 반려동물문화를 만들어 가고, 거기에 동물보호단체와 반려산업 관련 주체가 힘을 보탠다면 매스미디어의 반려동물 관련 내용도 다양화되고 수준이 향상되지 않을까 기대해 본다.

교육 잘 받은 개가 아이와도 잘 지낸다

교육은 출산 전에 끝내야 한다

앞에서 내내 반려동물은 균 덩어리가 아니니 아이와 함께 사는 것에 아무 문제가 없다고 이야기했다. 동물에게 병을 옮을 확률은 극히 낮고 몇 가지만 조심하면 쉽게 피해 갈 수 있다는 것이 요지이다. 반려동물에 의한 안전사고도 이와 같은 맥락으로 받아들이면 된다. 반려동물에 의한 안전사고가 많지 않고, 소형견이 많은 우리나라에서는 큰 사고로 이어지지도 않으니 조금만 조심하면 큰 문제가 되지 않기 때문이다.

대형견을 많이 키우는 외국의 경우에는 교육이 제대로 되지 않았을 때 집에서 함께 사는 반려견에 의해 끔찍한 사고가 꽤 일어나지만 우리나라는 소형견이 많아 위험성이 훨씬 적다. 하지만 아무리 소형견이라 하더라도 교육을 제대로 받지 못한 동물은 아기에게 자칫 위협이 될 수 있으므로 아기를 집으로 데려오기 전에 미리 준비해야 한다. 아이의 좋은 친구가 되고 가족이 되어 주는 반려동물은 교육을 잘 받은 반려동물에 한해서이다.

우리나라의 경우 아직 반려동물 교육의 필요성에 대한 의식이 매우 낮은 편이다. 그래서 실제로 교육이 이루어지지 않아 버려지는 경우가 꽤 많은데, 아이가 있는 집의 반려동물이 교육이 되지 않으면 버려질 확률이 몇 배로 높아지므로 임신, 육아 기간에 반려동물을 지키고 싶다면 출산 전에 반드시 교육을 끝내야 한다.

반려동물이 아기를 가족으로 받아들이는 과정은 중요하다. 그래서 아기가 집에 오기 전에 반려동물에게 '아기가 집에 오니 잘 지내 주면 좋겠다.'라고 미리 알려주고 동의를 구하는 것이 중요하다. 하지만 그것만으로는 부족하다. 아이를 마음으로는 가족으로 받아들였다고 하더라도 순간적으로 예측하지 못한 행동을 할 수 있기 때문이다. 그래서 교육이 필요하다.

실제로 어린이가 개에게 물렸다는 기사는 종종 보도된다. 하지만 신문에 등장하는 어린이가 개에게 물려 사망했다는 등의 정도가 심한 사고는 함께 사는 반려견이 아니라 대부분 외부 개에 의한 사고이다. 도사견에 물려 아홉 살 어린이 사망(2005년 11월), 사육장 탈출견에 물려 사망(2005년 11월) 등 관리 소홀이나 책임 소재가 불분명한 맹견 사고가 대부분이다. 또는 묶여 있던 맹견이 풀리면서 흥분한 상태에서 일곱 살 이웃집 어린이를 물어 죽인 사건(2007년 2월) 등이다. 개식용 문화로 개 집단사육에 의한 관리 소홀의 폐해도 많으므로 이를 전적으로 반려견의 위험성과 결부시키는 것은 올바르지 않다.

대신 반려동물에 의한 사고는 유심히 볼 필요가 있다. 2003년 한국소비자원은 '애완동물에 의한 안전사고' 유형을 조사해 발표했다. 사고의 94.3%는 물리거나 할퀴는 등의 외상 사고이고, 그다음이 피부병 감염, 기생충 감염순이었으며, 다른 사람 소유의 애완동물에 의한 사고가 41.4%, 자기 집 애완동물에 의한 사고가 29.3%라고 발표했다. 사고 부위는 손 30.4%, 다리 26.4%, 얼굴 25.0%, 팔 10.1% 순이었으며, 치료 기간은 1주 미만의 치료가 69.6%로 가장 많았고, 1~2주 치료가 11.5%, 2주 이상의 치료가 15.5%였다.

살펴보면 반려동물에 의한 사고는 대체로 외상사고이고, 주로 손이나 다리 등을 다치며, 치료 기간은 1주 미만이 가장 많음을 알 수 있다. 그만큼 경미한 사고라는 이야기인데 여기서 주목할 점은 반려동물에 의한 사고의 40.8%가 14세 이하의 어린이라는 것이다. 그러므로 집에 아이가 있다면 사고가 크든 작든 반려동물 안전사고에 신경을 써야 한다.

안전사고를 막는 길은 교육인데 사실 우리나라의 반려인들은 반려동물의 교육에 크게 관심을 두지 않는다. 한국HAB협회 박창진 회장은 가장 큰 원인으로 스몰 도그 신드롬(small dog syndrome)을 꼽는다. 다른 나라에 비해 소형견을 키우는 가정이 많기 때문에 교육의 필요성을 많이 느끼지 못한다는 것이다. 스몰 도그 신드롬은 소형견과 사는 사람들이 개를 개가 아니라 아기나 장난감처럼 생각하고 대하면서 특정 행동이 개에게 나타나는 현상으로, 늘 사람 옆에 앉으려고 하거나 먹거나 놀 때 근처에 주인을 오지 못하게 하거나 다른 사람들로부터 주인을 과하게 보호하는 행동을 취하는 등의 행동 특성을 보이는 것을 말한다. 한 마디로 개를 개처럼 생각하지 않으니 교육시키지 않고, 그러다 보니 부작용이 생기는 것이다.

실제로 소형견들은 큰 개에 비해 공격성을 드러내도 크게 위협적이지 않고 대소변 가리는 교육이 완벽하게 되어 있지 않아도 크게 불편을 느끼지 못하기 때문에 주인이 교육에 대한 필요성을 잘 느끼지 못한다. 그래서 소형견이 많은 우리나라의 경우 교육도 하지 않고 그냥 사는 경우가 많다. 하지만 어른만 살 때와 달리 집에 아이가 생기면 교육의 필요성은 절실해진다. 반려견이 장난을 치다가 살짝 물어도 아이에게는 흉터를 남기는 상처가 되기도 하고, 대소변을 못 가려 집 안에 싸놓은 배설물 위로 아이가 기어가면 어쩔 것인가? 안 그래도 육아와 가사노동을 함께하느라 정신이 없는데 그때 부랴부랴 교육을 시킨다고 금방 효과가 나타날까? 그래서 반려동물 교육은 출산 전에 완벽하게 끝내야 한다.

긍정적 교육이 개도 사람도 행복하게 한다

고양이는 기본적으로 아이들이 귀찮게 하는 것을 싫어하여 스스로 멀리하므로 개의 교육을 중심으로 알아보자. 어렸을 때부터 아이 교육을 시작하는 것처럼 반려동물 교육도 새끼 때부터 시작해야 한다.

개의 결정적 사회화 기간은 생후 5~12주이지만 꼭 이 시기가 아니어도 어릴 때 많은 경험을 해야 한다. 다른 개도 만나고 가족 이외의 사람도 만나고 바깥세상도 경험해 봐야 사회성 있는 개로 자란다. 이 시기에 가족 품에서만 자란 개들이 외출하면 다른 개를 보고 으르렁거리거나 사람을 보면 피하거나 짖는 개로 자란다. 사회화에 성공하지 못한 개는 문제를 일으킬 확률이 높다.

또한 교육원칙도 중요한데, 최근 세계적인 반려동물 교육의 흐름은 긍정적이고 온화한 방법의 채택이다. TV 프로그램에서 문제가 있는 개의 행동을 단시간에 보정해 주는 경우를 많이 봤을 것이다. 개에게 목줄을 해서 세게 잡아당기거나 억지로 뒤집어 배를 보이게 하는데 이런 방법은 개에게 꽤 폭력적이다. 보정에 성공한 개의 눈을 주의 깊게 본 적이 있는가? 겁을 먹은 불행한 눈을 하고 있다.

개를 심하게 때리며 교육하는 반려인도 있는데 개는 서열싸움을 할 때 서로 물지 때리지는 않는다. 그렇기 때문에 매질은 개가 이해할 수 있는 적절한 교육방법이 아니라고 동물학자 콘라트 로렌츠는 충고한다. 잘못된 행동을 했을 때 벌을 주는 것보다는 바른 행동을 했을 때 칭찬을 하는 것이 훨씬 더 효과적인 교육방법이다.

강압적인 교육방법은 단기간에 효과를 볼 수 있을지 모르지만 부작용이 따른다. 개들의 습성을 억누르는 방법이라 순간적으로 돌발적인 행동이 나타날 수 있기 때문이다. 물론 아이는 태어났고 문제는 자꾸 불거지는데 시간을 들여 교육할 심적·시간적 여유가 없을 때 필요에 따라 사용할 수 있는 방법이지만 그에 따른 부작용은 염두에 두어야 한다. 사람도 그렇지만 개에게도 칭찬과 보상만큼 효과가 좋은 교육방법은 없다.

흔히 강압적 교육법의 근거로 설명되는 것이 '서열, 우위, 우두머리' 등의 단어인데 그것이 때때로 공격적인 교육법을 정당화시키는 단어로 잘못 사용되면서 각종 매체에 소개되고 있다. 개를 파악할 때 늑대의 습성을 토대로 하지만 개가 늑대와 유전자가 거의 같다고 해서 개가 늑대는 아니다. 사람이 침팬지와 유전자가 99% 일치해도 사람이 침팬지가 아닌 것처럼.

결국 어떤 교육방법을 선택할지는 반려인의 몫이다. 우리 집 반려동물의 성향을 알고 처한 상황에 따라 반려인이 적절한 교육법을 선택해야 한다. 너무나 당연한 일이지만 모든 개들은 개성이 다 다르다. 모든 개가 우두머리가 되고 싶어 하는 것도 아니고, 교육을 전혀 시키지 않고 키워도 알아서 상황에 적응하는 개도 있고, 개가 자주 짖고 으르렁거리는 것이 공격 성향이 아니라 공포심에서 그러는 것일 수도 있고, 원하는 것을 다 들어주던 주인이 어느 날 태도를 바꾸니 짖거나 무는 것으로 욕구불만을 표현하는 것일 수도 있다. 그러므로 개의 성향과 상황에 따라 어떤 교육법을 선택할지는 반려인이 정해야 한다. 물론 운 좋게도 선천적으로 순종적이고 온순한 개를 만났다면 별다른 교육 없이 별문제가 없을 수도 있다.

교육의 필요성을 느꼈다면 책, DVD 등을 구입하거나 전문가를 찾아가 공부해야 한다. 요즘은 인터넷에서도 여러 가지 방법을 배울 수 있으니 나와 맞는 방법을 가르치는 사람의 사이트를 찾아가 배우는 방법도 있다. 가까운 곳에 훈련소가 있어서 전문가의 도움을 받으면 좋지만 우리나라는 훈련소가 거의 교외에 있어 쉽지 않다. 교육이라는 것이 개와 함께 사람도 받아야 하는 것으로, 훈련소에 반려인도 함께 가서 교육을 받으면 모를까 개만 맡겨 놓았다가 찾으면 효과는 줄어든다. 반려인이 많은 도심 안에서 쉽게 찾아갈 수 있는 훈련소가 생긴다면 최상이지만 여건이 허락하지 않으니 스스로 노력하는 수밖에 없다.

문제 견(犬) 뒤에 반드시 문제 견주가 있다

많은 동물행동학자나 전문가들이 문제를 보이는 개들의 원인을 먼저 반려인의 태도에서 찾는데 가장 문제를 일으키는 반려인의 태도는 개가 원하는 대로 다 해주는 경우이다. 지나친 애정이 문제를 만드는 경우로 밥 달라고 하면 밥 주고, 산책 나가자고 하면 산책 가고, 간식 달라고 조르면 간식을 주고, 안아달라고 하면 안아준다. 개의 습성을 이해하지 못하고 아기처럼 대하는 것이다. 이렇게 되면 개는 반려인이 자기가 원하는 대로 움직인다고 생각한다. 서열상 자신의 하위로 보는 것이다. 그랬던 사람이 아이가 생겼다고 갑자기 태도를 바꿔 원하는 것을 해주지도 않고 못하게 하는 것만 많아지니 욕구 불만이 생길 수밖에.

이런 경우 개가 원하는 것을 무시하는 방법으로 효과를 볼 수 있다. '무시하기'는 동물행동학자이자 《도그 리스너(dog listener)》의 저자 젠 페넬을 비롯한 많은 전문가들이 권하는 긍정적이고 평화로운 교육법 중 하나로 개가 원할 때 무시하다가 반려인이 정한 시간에 밥을 주고, 산책을 가고, 간식을 주어 개가 사람의 스케줄에 맞추는 것을 배우게 하는 방법이다. 무시할 때 개에게 물리적으로 폭력을 가하거나 목소리를 높여 소리를 내서는 안 된다. 눈도 마주치지 말고 말도 하지 말고 그냥 무시한다. 그러다가 개의 요구와 상관없이 사람의 스케줄에 맞춰 밥을 제때 챙기고, 산책을 시키고, 둘만의 시간을 보낸다.

이런 시간이 어느 정도 지나면 개는 사람을 리더로 인정한다. 이때 '엎드려, 기다려, 앉아, 이리와, 옆에.' 등의 기본적인 훈련을 시킨다면 효과가 나타날 수 있다. 물론 밥도 제때 챙기지 않고, 혈기왕성한 개들을 하루 종일 산책도 시키지 않고, 둘만의 시간도 제대로 보내지 않는 제멋대로의 반려인이라면 어떤 교육효과도 기대할 수 없다. 개들은 일관성 있고 온화한 리더를 원한다.

아이가 있는 집에서는 개가 아이에게만 으르렁거리거나 무시하는 경우가 많다. 이럴 경우 개가 간식을 달라고 할 때 나머지 모든 식구가 대꾸도 하지 않고 눈빛도 마주치지 않고 무시하다가 아이가 간식을 건네 주면 개와 아이의 관계가 호전될 수 있다. 아이와 개의 관계에 문제가 있는 집에서 쉽게 해볼 수 있는 교육법 중 하나이다.

아이가 있는 집에서는 짖는 것도 문제가 된다. 개가 짖는다고 짖지 말라고 소리치는 것은 아무 의미가 없다. 동물행동학자 패트리샤 맥코넬은 그의 저서 《개 줄의 반대편(The other end of the leash)》에서 이런 경우 간식을 이용해 보라고 권한다. 짖는 개에게 다가가 코앞에 간식을 들이대면서 "그만!"이라고 말한다. 그런 후에 짖기를 멈추면 칭찬하면서 간식을 준다. 개가 짖는 것을 멈추기란 어려운 일이기 때문에 이 훈련은 굉장히 힘들다. 하지만 끈기 있게 하루에 한 번 정도씩 계속 시도하면 어느 순간 개는 "그만."이라는 소리에 짖기를 멈추고 달려와 간식을 찾을 것이다.

개가 뛰어오르는 것도 문제가 된다. 소형견이라도 뛰어오르면 아이보다 훨씬 높이 뛰기 때문에 위험하다. 미국 뉴스킷 수도원의 수도사들이 쓴 책 《강아지를 기르는 기술(The art of raising a puppy)》에서는 이를 교정하는 방법을 소개하고 있다. 개가 뛰어오르면 개의 양쪽 앞발을 단단히 잡고 개가 불편해할 때까지 그 자세를 오랫동안 유지한다. 그러면 개는 불편함을 느끼게 되고 서서히 뛰어오르는 행동을 하지 않게 된다.

아이가 생기기 전에 개에게 해야 할 교육 중 필요에 따라 자기 집에 들어가게 하는 하우스 트레이닝도 있다. 이 교육이 잘 되면 부모가 아이를 계속 지켜볼 수 없을 때 개를 잠시 하우스에 넣어 둘 수 있어서 좋다. 하우스 트레이닝까지 필요하지 않다고 생각할 수도 있지만 아이가 생기면 의외로 이 교육의 필요성을 느끼는 반려인들이 많다. 개의 성격을 고려해서 교육을 할지 말지 결정하면 된다.

아이가 있는 집에서는 함께 뒹굴기, 덤벼들기, 무는 시늉하기, 장난감 뺏기 등 공격적인 놀이를 해서 개의 공격성을 키우지 않는 것이 좋다. 놀이는 즐겁지만 놀이 도중에 개가 자제심을 잃을 수 있기 때문이다. 대체로 남자들이 개와 이런 놀이를 즐기는데 아이가 있는 집이라면 자제하는 것이 좋다.

사람들은 문제가 생기면 흔히 개가 느닷없이 사람을 물었다고, 갑자기 공격적이 되었다고 말한다. 하지만 그렇지 않다. 그 전에 개는 많은 신호를 보냈을 것이다. 내 이야기를 들어달라고. 갑자기 변화된 상황에 적응하지 못하겠으니 나를 그만 괴롭히고 정확하게 자기를 이끌어 달라고. 그것을 사람이 못 읽었을 뿐이다. 그래서 훈련사들의 글을 보면 개를 훈련시키는 데 많은 시간을 들이지 않는다고 말한다. 인간이 개보다 훈련시키기 힘들기 때문에 사람을 훈련시키는 데 시간을 더 많이 투자한다고.

동물학자 템플 그랜딘은 배를 뒤집어서 개의 복종을 받고자 한다면 거칠게 뒤집지 말고 즐거운 놀이로 하라고 충고한다. 개가 몸을 뒤집었을 때 먹이를 주면 개는 싫어하는 기색 없이 복종의 자세를 취하기 때문이다. 아이와 개 관계가 제대로 정립되지 않아 문제가 극심한 경우라면 이런 방법을 사용해 볼 수도 있다. 템플 그랜딘은 개가 자기들의 습성보다 사람을 덜 무는 이유는 개가 10만 년의 진화 기간 동안 사람에 대한 공격성을 억제하는 능력을 스스로 발전시켜 왔기 때문이지 결코 사람이 좋은 훈련사여서가 아니라고 말한다.

개가 사람을 이해하는 것만큼 사람도 노력해야

세계적인 동물학자 콘라트 로렌츠는 그의 저서 《인간, 개를 만나다》에서 "섬세하고 예민한 개라면 주인의 아이들을 매우 좋아한다. 왜냐하면 개는 아이들이 주인에게 얼마나 소중한지 정확히 알고 있기 때문이다. 그래서 개가 아이들에게 무슨 짓을 할까 봐 걱정하는 일은 한 마디로 가소로운 일이다. 오히려 개가 아이들의 요구를 너무 많이 참아 아이들이 난폭하게 자랄지도 모른다는 우려는 할 수 있다."라고 말했다.

교육 잘 받은 개와 아이를 함께 키워 본 사람이라면 이 말에 전적으로 동의할 것이다. 하지만 교육받지 못한 개라면 다르다. 위의 말은 콘라트 로렌츠처럼 주인이 개의 행동학적 습성을 정확하게 파악해서 그에 걸맞는 교육을 시킨 경우에나 해당되는 말이다.

개는 사람과 살며 사람이 원하는 것이나 요구하는 것을 알아내기 위해 부단히 노력한다. 하지만 사람은 개에 대해 너무 모른다. 개를 마주 본 상태에서 와락 안는 것이 개에게는 위협으로 받아들여지고, 개를 정면에서 응시하는 일이 무례한 일이라는 것도 모른다. 또 자기의 의사표현을 일관성 없고 적절하지 않은 방법으로 마구 하니 개가 혼란스러워 예상치 못한 행동을 하기도 한다.

문제 있는 아이 뒤에 문제 있는 부모가 있는 것처럼 문제 있는 반려동물 뒤에는 반려동물의 마음을 읽을 줄도, 자신의 의사를 동물들에게 제대로 전달할 줄도 모르는 사람이 있다. 사람에게 애정과 노력을 다하는 동물을 위해 화답하는 길은 올바른 교육방법을 찾아 그들과 대화에 나서는 길일 것이다.

반려동물과 아이 함께 키우기, 단점보다 장점에 주목하자

몸과 마음 모두 건강한 아이로 자란다

우리나라에서 반려동물과 아이를 함께 키우는 것은 참으로 지난한 일이다. 안 그래도 늘어난 육체노동에 힘든데 지나가다 마주치는 사람들까지 반려동물 왜 안 치우냐고 참견을 하니(이거야말로 참견이다) 웬만한 마음가짐을 갖지 않고서는 결국 지치고 만다. 병이나 물리적 충격에 취약한 아이에 관한 문제이니 백만 번 조심해야 하지만 우리나라는 좀 지나친 면이 있는 것이 사실이다. 언제쯤이면 아이와 반려동물을 함께 키우는 것이 자연스러운 일이 될까.

사실 반려동물과 아이가 함께 자라는 것은 단점보다 장점이 많다. 가장 쉽게 생각할 수 있는 부분은 정서적인 면이지만 아이의 건강상 이점에 관한 연구결과도 많이 발표되고 있다. 그야말로 반려동물과 함께 사는 것은 아이의 몸과 마음의 건강에 도움이 된다.

2002년 미국 조지아대학 의대 소아과 데니스 오운비 교수는 미국국립보건연구원, 미국환경청의 지원을 받아 연구한 결과를 《미국의학협회저널(*JAMA*)》 8월호에 발표했다. 돌 전에 개, 고양이 두 마리 이상과 살았던 아이들이 그렇지 않은 아이들보다 6~7세가 되었을 때 알러지 증상을 나타내는 확률이 적다는 내용이었다. 연구결과에 따르면 돌 전에 반려동물 접촉이 없었던 아이가 6~7세가 되었을 때 아토피 양성 반응을 보인 확률이 33.6%인 반면 반려동물 두 마리 이상과 함께 산 아이는 15%에 불과했다. 두 마리 이상의 반려동물과 산 아이는 반려동물의 털뿐만 아니라 먼지, 진드기, 꽃가루 등 각종 알러지 요인으로부터도 더 자유로웠으며 고양이보다는 개가 조금 더 효과가 좋았다.

이 연구결과는 그동안 의학계의 유아기 아기가 반려동물과 자주 접촉하면 알러지 증상을 나타낼 확률이 높다는 통상적인 믿음을 반박하는 것이어서 주목을 받았고, 최근 들어서는 위와 같은 결과를 뒷받침하는 연구결과가 속속 나오고 있다.

이런 연구결과는 '위생가설(hygiene hypothesis)'을 뒷받침하는데 위생가설이란 어렸을 때 외부 박테리아 항원에 많이 노출되는 것이 이후 알러지 질환 발생을 예방한다는 것이다. '너무 깨끗하게 키우면 병에 걸리기 쉽고 적당한 것이 건강에 좋다.' 정도로 쉽게 풀이할 수 있다. 너무 깨끗한 환경에서 자라면 정상적인 면역력 형성에 필요한 자극이 부족해 작은 자극에도 과민하게 반응해 각종 알러지 질환이 나타난다는 것이다.

물론 이와 반대되는 연구결과도 많으니 전적으로 이 연구결과만 믿을 수는 없다. 하지만 이외에도 반려동물과 함께 사는 것이 아이의 면역력 증강에 도움이 된다는 연구결과가 다수 발표되고 있으니 사람들이 알듯 '반려동물은 아이 건강의 적'이라는 명제가 무조건 참은 아니라는 근거를 얻은 셈이다.

2008년에는 이스라엘 농업부의 수의학 담당 부서의 미셸 발라이시 박사가 반려견을 키우는 집의 초등학교 1~3학년 아이들이 그렇지 않은 아이들보다 혈압이 낮게 조사됐다고 발표했다. 어린 시절 고혈압이 있던 사람의 1/3이 어른이 된 후에도 고혈압을 앓고, 고혈압이 각종 질병 및 사망의 주요 원인이 된다는 점에서 이 결과는 주목할 만하다. 발라이시 박사는 반려견을 기르는 집의 아이가 외부에서 개와 함께 놀거나 산책하는 등 신체활동이 많은 것이 혈압을 낮춘 이유라고 보았다.

미국 디트로이트 시에 있는 헨리 포드 병원의 수석 역학연구원인 크리스틴 존슨 박사는 2001년 미국흉부학회 정기 세미나에서 아이들이 한 살 때 반려동물과 접촉하는 것이 건강에 도움이 된다는 연구 논문을 발표했다. 833명의 어린이를 대상으로 7년에 걸쳐 조사한 결과 한 살 때 개, 고양이와 함께 지낸 아이들을 일곱 살 때 조사한 결과 다른 아이들보다 폐 기능이 좋았으며 알러지에도 덜 민감한 것으로 나타났다고 밝혔다.

이와 함께 반려동물이 아이의 성격 형성이나 사회성 발전에 도움이 된다는 연구결과도 많다. 반려동물이 아이들의 감수성과 책임감을 증진시키고 사회성을 키우며, 반려동물과 사는 아이들은 다른 사람의 감정이나 속마음을 이해하는 능력이 높은 것으로 나타났다.

동물과의 유대감, 그로 인해 얻은 자신감과 신뢰는 지능발달에도 영향을 주는 것으로 나타났는데 캔자스 주의 아이 88명을 대상으로 한 조사에서는 동물과 유대감이 높은 아이들의 지능지수(IQ)가 평균보다 5점이나 높은 것으로 나타났으니 아이들 지능에 관심이 높은 엄마들의 흥미를 일으키는 조사이기도 하다. 또 유타주의 솔트레이크시티에서는 읽기 능력이 떨어져 유급한 학생들의 곁에 개가 함께 있도록 했더니 10주 후 학생들의 읽기 능력이 월등히 좋아져 자기 학년 수준이 되거나 오히려 더 높은 수준에 다다르는 등 놀라운 성과를 거두었다. 개가 아닌 교사에게 지도를 받은 학생도 있었으나 가장 성과가 좋은 학생은 개와 함께한 학생이었다.

또 1985년 미시간주의 10~14세 아이들을 대상으로 한 조사에서는 75%의 아이들이 화가 났을 때 반려동물을 찾는다는 통계가 나왔다. 반려동물은 사춘기 아이들의 속 깊은 좋은 친구가 되어 준다는 것을 보여 주는 결과라고 할 수 있다. 스위스에서 4~8세 아이들 540명을 대상으로 실시한 조사에서는 동물을 키우는 아이들이 사회성이 높은 것으로 나타났는데, 특히 고양이를 키우는 아이들은 자기존중감이 컸다.

이상의 연구결과는 아이가 반려동물과 함께 자라는 것이 정서적인 면뿐만 아니라 신체적인 건강에도 도움이 됨을 증명해 준다. 물론 반대 연구결과도 있으므로 어떤 것도 절대적이라고 말할 수 없지만 적어도 병, 사고 등 모든 문제를 뒤집어쓸 정도로 문젯덩어리는 아니라는 뜻이다.

그러니 반려동물을 아이와 함께 키우면서 사람들의 곱지 않은 시선으로부터 지키기 위해 급급해할 것이 아니라 이제는 당당하게 이러한 의견도 말할 수 있으면 좋겠다. 호의적이지 않은 시선을 받는 우리나라의 반려인들은 방어기제가 심하게 발달해 대화나 토론을 피하고, 그러다가 동물학대 등 특정 사안에 대해서만 폭발적으로 반응하다 보니 폐쇄적인 집단으로 비춰지기도 한다. 동물 문제에 대해 의견이 다른 집단과도 이야기를 나누고 대안을 찾고, 사안에 따라 연대하는 유연한 반려인의 모습이 자연스럽게 정착되는 데 이런 긍정적인 연구자료가 도움이 될 것이다.

한국은 '애완'동물에서 '반려'동물로 진화 중

유독 우리나라에서만 임신, 출산과 함께 반려동물을 버리는 현상이 일어나고 있지만 사실 이 현상의 원인은 의학적인 문제가 아니다. '개를 키우면 임신이 안 된다, 고양이가 기형을 일으킨다, 개털이 아이 기도를 막아 죽게 한다, 아토피를 피하려면 먼저 개와 고양이를 버려야 한다.' 등의 떠도는 수많은 속설은 일면 의학적으로 타당성이 있다 싶은 것도 있지만 대부분 듣는 순간 억지라는 느낌을 지울 수 없다. 그런데도 불구하고 사람들은 왜 이런 말을 믿을까?

앞부분에서 임신, 출산과 반려동물에 관한 잘못된 오해를 의학적으로 조목조목 따졌다. 관심 있는 사람이라면 이미 알고 있는 내용도 있고, 우리나라에 한 번도 소개된 적 없는 외국의 의학정보까지 동원해서 사람들에게 얼마나 근거 없는 내용으로 공포감을 조성하고 있는지 밝히고 있다. 이런 정보를 제공하는 이유는 적어도 갖은 압박에도 불구하고 아이의 탄생과 함께 반려동물을 버리는 일 없이 반드시 지키고자 하는 간절함을 가진 반려인들에게 도움이 되기를 바라는 마음에서이다. 힘겨운 상대와 맞서 싸울 의지를 갖춘 그들의 전투력이 상승하기를 바라는 마음을 담은 지원사격이다.

하지만 이런 노력에도 불구하고 '객관적인 진실이 얼마나 도움이 될까?'라는 무력감을 버리기 어려운 것 또한 사실이다. 의학적으로 불임도 기형도 감염도 반려동물 탓이 아니라고 아무리 말해도 받아들여질 수 없는 벽을 느끼기 때문이다. 그래서 많은 전문가들이 이 문제는 의학적인 문제가 아니라 문화의 문제라고 지적한다.

일단 표면적으로는 부모 세대의 반대로 반려동물을 버리는 경우가 가장 많다. 이 경우는 설득이 불가능한 세대 간의 문제라 시간이 지나고 세대가 바뀌면 이런 현상이 자연스럽게 바뀔 것이라고 보고 있다. 개는 마당에서 묶어 키우다가 여름이면 잡아먹던 '짐승'이던 부모 세대에게 '개도 가족'이라는 것을 이해시키기란 불가능하다고 보는 것이다. 고양이라고는 도둑고양이밖에 본 적이 없고 '고양이는 요물'이라는 정서가 지배적인 부모 세대에게 고양이와 아이가 뒹구는 장면은 공포일지도 모른다. 혹 반려동물과 함께 사는 경험을 통해 의식이 바뀐 몇몇 어른을 제외하면 이 문제로 부모 세대와 화해하기란 쉽지 않다. 이런 상황이니 부모 세대는 의학적이지 않고 황당하고 비상식적이어도 상관이 없다. 개나 고양이를 소중한 손주 옆에서 없앨 수만 있다면 그냥 믿는다. 믿고 싶은 것이다. 사실 오랜 경험을 바탕으로 쌓인 부모 세대의 이런 생각을 무작정 틀렸다고 화내는 것도 자녀의 태도로 올바르지 않으므로 우리나라의 반려인이 진퇴양난에 빠지는 것이다.

하지만 무조건 '믿고 싶은 것이' 비단 부모 세대뿐일까? 여기서 아직 제대로 형성되지 못한 우리의 반려동물문화를 다시 되짚어 봐야 한다. 어쩌면 아직도 많은 반려인들 마음속에 개나 고양이는 문제가 생기면 버려도 되는 '애완'동물로 자리매김하고 있는지도 모른다.

애완동물과 반려동물의 차이는 무엇일까? 책임감이다. 동물을 사람이 사랑을 주는 객체가 아니라 생명이라는 존재 자체로 인정하면 거기에는 생명에 대한 책임이 따라온다. 그래서 '사랑하여 가까이 두고 다루거나 보며 즐기는 것'이라는 뜻의 '애완(愛玩)'이라는 단어를 멀리해야 한다. 생명은 사랑하고 즐기다가 버릴 수 있는 '장난감[玩]'이 아니기 때문이다.

그렇다면 동물과 함께 사는 사람에게 요구되는 책임감이란 무엇일까? 우선 생명을 유지하기 위해 밥과 물, 자고 쉴 수 있는 공간 등 기본적인 것을 제공해야 한다. 그리고 애정과 관심이 중요하다. 맞다. 하지만 그것이 전부여서는 안 된다. 여기까지가 '애완동물'의 필요조건이고 반려동물로 가려면 또 다른 책임감이 필요하다. 먹이고 재우고 사랑해 주는 것만으로 동물과 함께 사는 책임을 다 했다고 생각하면 오산이다.

먹이고 재우고 사랑해 주는 것이 생명에 대한 책임을 다하는 것이라면 왜 우리는 아이들에게 교육을 시킬까? 아이들이 커서 사회에서 스스로 살아갈 수 있도록 힘을 키워 주기 위해 교육을 시키는 것이라면 인간과 가족이라는 관계를 맺고 입양된 동물에게도 앞으로 살아갈 사회에서 무리 없이 잘 살아갈 수 있도록 교육을 시켜야 한다.

변화는 '앎'을 바탕으로 한다. 애완동물에서 반려동물로 인식이 바뀌고 임신, 출산과 함께 반려동물을 버리는 문화가 변하려면 반려인이 먼저 알아야 한다. 변화를 위해 필요한 것은 열정이고 의지라고 생각할 수 있지만 열정과 의지도 확고한 지식 위에서나 힘을 갖는다.

개와 고양이가 기형, 불임, 병, 사고의 원인이 아님을 명확히 알아야 반대하는 사람을 설득할 수 있고 생명도 지킬 수 있다. 또한 함께 살게 된 개와 고양이의 습성에 대해 알고, 그들의 행동을 읽을 줄 알아 그들과 소통하게 된다면 자연히 갈등도 사라지고 반려동물문화의 변화로 이어질 것이다. 우리나라의 반려인들은 아직 함께 살고 있는 동물에 대한 공부가 많이 부족하다.

일단 개에게 운동은 살아가기 위한 필요조건이 아니라 절대조건이다. 흔히 반려인들이 함께 살기 어려운 견종을 꼽을 때 빠지지 않고 들어가는 코커 스패니얼, 비글 같은 종류도 매일 운동만 마음껏 시켜주면 대부분의 문제를 해결할 수 있다. 운동량이 많은 사냥개를 실내에서 운동도 시키지 않고 키우니 욕구불만 때문에 많은 문제가 발생하는 것이다. 운동은 개의 건강을 위해서만 필요한 것이 아니라 필수 생존조건이다. 미국의 개 행동전문가인 세자르 밀란은 특히 운동의 중요성을 강조하는 전문가 중 한 명인데 긴 운동을 하여 체력이 고갈된 후에 교육을 시키면 효과가 더 좋다고 말한다. 그는 심지어 개에게 사랑보다 운동이 더 중요하다고 주장한다. 이만큼 개에게 운동이 중요하다는 말을 귀 기울여 들어야 한다.

그리고 실질적인 교육이 필요하다. 함께 살면서 서로 불편함 없이 지내기 위한 기본적인 소통방법을 익혀야 한다. 아이들도 커가면서 해야 할 일과 하지 말아야 할 일을 배우듯이 개도 허용된 일과 참아야 하는 일을 배워야 한다. 대소변은 정해진 곳에서 하고, 밥을 먹을 때는 기다릴 줄 알아야 하며, 들어가면 안 되는 공간을 배우고, 가족이 부르면 올 줄 알아야 하며, 산책을 할 때는 가족 옆에서 보조를 맞출 줄도 알아야 한다. 이런 기본적인 교육만 되어 있어도 임신, 육아 기간 동안 '시어머님이 주는 스트레스가 문제가 아니라 내가 힘들어 서 도저히 함께 못살겠다. 보내야겠다.'는 생각은 없앨 수 있다.

물론 아이와 반려동물을 함께 기르는 일은 쉽지 않다. 온라인 카페 에 자주 올라오는 '임신 때문에……', '아기가 태어나서……', '털 때문 에……' 등 개나 고양이를 없앤다는 글을 볼 때마다 책임감 없는 사 람이라고 질타를 해대던 책임감 투철한 반려인들도 막상 아이를 낳 고 함께 키워 보니 쉽게 욕을 해서는 안 됨을 알게 되었다고 말한다. 가사와 육아 노동에 지칠 대로 지친 상태에서 개까지 문제를 일으키 면 얼마나 힘들겠는가. 하지만 교육을 잘 받은 개는 지친 반려인에게 위로가 되고 심정적 지원군이 되어 줄 수 있음을 기억하자.

반려동물에게 기본적인 의식주를 제공하면서 사람 사는 사회에서 문제 없이 살 수 있도록 교육하고 돕는 것은 반려인의 막중한 책임이 다. 동물은 의식주를 해결해 주고 귀여워해 주기만 하면 된다고 생각 하고 살던 애완동물 시절과는 이제 종언을 고할 때이다. '털이 날려 서……'라는 것이 어떻게 동물을 버리는 이유가 될 수 있는가? 세상 에 털이 날리지 않는 개나 고양이는 없다. 동물의 털이 문제가 아니 라 반려동물을 입양하면 당연히 집 안에 털이 날린다는 것을 고려하 지 않고 귀엽다고 충동적으로 입양했거나 귀여울 때는 봐줬는데 크 고 나니 못 봐주겠다는 사람이 문제이다.

개의 습성을 제대로 알고 운동과 기본 교육을 시켜 주는 것, 산책 을 나가 다른 동물, 다른 사람과 잘 어울릴 수 있도록 사회화 교육을 시키는 것 등이 진정한 반려인의 자세이고 이런 문화는 이제 겨우 시작되고 있다고 할 수 있다. 특히 산책을 할 때는 꼭 목줄을 채우고 대소변을 보면 바로 치우는 등 반려인도 매너를 갖춰야 한다. 그래서 비반려인과 갈등 없이 지낼 수 있어야 올바른 반려동물문화도 정착될 수 있다. 결국 반려인 스스로 공부하고 변해서 올바른 반려동물문화를 만들어 가지 못한다면 아무리 세대가 바뀌어도 귀여울 때 함께 살다가 귀찮아지면 버리는 애완동물문화는 쉽게 바뀌지 않을 것이다. 스스로 노력하지 않으면 시간이 흐른다고 해결되는 것은 아무것도 없다.

다음 세대를 위하여……

물론 반려동물문화 선진국이라고 불리는 곳에서도 유기동물은 생기고 매년 어마어마한 수의 동물이 보호소에서 안락사로 죽어 간다. 하지만 우리나라처럼 임신과 육아가 개와 고양이를 버리는 이유가 되지는 않는다.

우리나라에서 떠도는 임신, 출산과 관련된 반려동물에 관한 위험성은 과장되고 호도되었다. 또한 우리나라는 부모, 형제, 친지는 물론 길 가던 사람까지 당연하다는 듯이 개, 고양이를 버리라고 한 마디씩 던지니 우리나라의 반려인들은 임신과 함께 상시적으로 스트레스에 노출된다. 이처럼 우리나라의 반려인들은 안 그래도 임신, 육아로 피로에 지쳐 있는데 사람들의 잔소리와도 싸워야 하는 이중고에 늘 시달린다.

사람들의 압박은 우리 주거문화의 특징인 좌식생활도 한 가지 이유일 수 있다. 기거나 앉아서 생활하는 아기와 동물의 활동 공간이 겹치기 때문이다. 하지만 이런 문제는 사소한 것이고, 진짜 중요한 것은 반려동물을 들일 때 단지 애완동물로 들이는 것인지, 진정으로 한 생명을 책임진다는 마음으로 들이는 것인지에 대한 진정성에 있다.

진짜와 가짜는 언제나 위기의 순간에 드러나는 법이다. 좋은 시절에는 반려동물과 사는 일은 대체로 즐겁다. 하지만 예쁘고 귀엽기만 할 줄 알았던 동물이 아프기도 하고, 늙기도 하고, 심하게 짖어서 항의가 들어오고, 대소변을 아무 데나 봐서 집에 냄새가 진동하는 등 문제를 일으키면 멈칫하게 된다. 장난감처럼 쓰레기통에 버릴 수도 없고……. 이때 애완동물로 생각한 사람은 버리고, 반려동물로 생각하는 사람은 그 문제를 풀기 위해 더 깊게 동물을 받아들이는 것이 다른 점이다. 진짜와 가짜가 구별되는 순간이다. 임신, 육아와 함께 찾아오는 압박도 그런 순간 중 하나일 것이다.

전문가들은 함께 살 반려동물을 고를 때 배우자를 고를 때와 같은 지혜를 발휘하라고 충고한다. 외모보다 성격을 보고, 앞으로 내가 겪을 미래의 변화를 문제 없이 함께할 수 있을지 고려하고, 무엇보다 끝까지 함께할 수 있는 사람인지 살펴보는 것이 지혜로운 반려자를 고르는 법이라고 한다면 반려동물을 입양할 때도 그 기준을 그대로 적용해도 된다. 나와 성격이 맞는 반려동물은 어떤 종인지, 앞으로 결혼하고 임신할 텐데 끝까지 함께할 수 있을지, 사료, 예방접종이야 어떻게 되겠지만 아프면 병원비가 많이 들 텐데 내 경제력으로 감당할 수 있을지, 시간적인 여유가 없는 내가 개를 입양해도 될지, 알러지 체질인데 고양이를 입양해도 될지, 집안에 동물 입양을 반대하는 사람이 있는지, 공동주택에 어울리는 반려동물은 어떤 종인지 등을 꼼꼼히 살펴봐야 한다.

하지만 사람들은 배우자를 고를 때와 마찬가지로 똑같은 실수를 한다. 동물행동학자 패트리샤 맥코넬은 85%의 사람이 반려동물을 선택할 때 동물의 행동보다 외모를 보고 선택한다고 밝혔다. 그만큼 인간은 외모에 집착하는 놀라울 정도로 시각적인 종이다.

물론 시작은 비록 덜 지혜로울지라도 인연을 맺고 가족이 되면서 자기 선택에 대한 책임감을 발휘하면 된다. 문제가 생기더라도 동물 탓하지 않고 자신의 잘못임을 받아들여 그 상황에서 최선을 다하면 된다. 지금 우리나라의 반려인들에게는 그런 마음이 필요하다.

여러 가지 잘못된 정보와 주변의 압박에 흔들리는 부모들에게 많은 선배 반려인들은 아이가 일어나 걸을 때까지만 버티라고 조언한다. 그때까지만 버티면 아이만 키울 때보다 몇 배 더 큰 행복을 맛볼 수 있고, 아이에게도 더 큰 행복을 줄 수 있을 것이라고. 아이가 걷기 시작하면 반대하던 어른들도 안심이 되는지 버리라는 압박이 많이 줄기 때문이다.

그러니 이 고난도 끝이 있다는 마음으로 버텨 보자. 세상에 고통을 대가로 하지 않는 기쁨이나 행복은 없으니까. 그렇게 지켜낸 아이와 반려동물이 함께 노는 모습을 보는 것만으로도 충분한 보상이 될 테니까.

다른 모든 일이 그렇듯 육아와 가사노동, 반려동물 관리에 지친 반려인에게 가장 큰 힘은 그 마음을 알아주는 것이다.

"그래, 힘들지? 그 마음 다 알아. 원래 힘든 일이야. 나도 그랬어."

힘들다는 불평 다 들어주고 한 번씩 토닥이며 이렇게 말해 주는 것이 어떤 도움보다도 반려인에게는 큰 힘이 된다. 힘들어하는 사람에게 가장 큰 치유는 그 마음을 알아주는 것이기 때문이다. 그런데 우리나라에서는 투덜댔다가는 "그러니 누가 사서 고생하래? 지금이라도 늦지 않았으니까 갖다 버려. 미련스럽기는." 이런 반응으로 돌아온다는 것을 알기에 힘든 것을 감추고 그래서 점점 더 힘들어진다.

힘든 거 다 안다고 동의해 주고, 자기는 더 힘들었다고 한술 더 떠우는소리 해주고, 힘든 시기 금방 지나간다고 격려해 주는 그런 분위기라면 얼마나 좋을까? 아쉽지만 아직 우리 사회는 그런 분위기가 아니니 반려인이 알아서 한두 명이라도 마음 잘 통하는 아군을 만들 수밖에. 그것이 힘든 시기를 버티는 데 큰 힘이 될 것이다.

이렇게 힘든 상황에서 부모가 꿋꿋하게 지켜낸 행복감을 맛보고 자란 다음 세대는 어떻게 변할까? 그 변화된 미래가 궁금하다. 반려동물과 함께 자란 아이들이 어른이 되면 반려동물을 자연스럽게 가족으로 받아들일 것이고 그렇게 천천히 우리의 반려동물문화도 변할 것이다. 아마도 그때쯤이면 우리도 다른 나라와 마찬가지로 임신, 육아로 반려동물을 버리라는 말 따위는 사라지지 않을까. 그러니 지금 반려동물과 아이를 함께 키우는 반려인들은 여러 가지 압박에 힘들겠지만 앞선 의식을 가진 사람으로서 문화를 바꾼다는 자부심을 갖고 조금만 더 버텨 보자. 우리는 반려동물과 함께 사는 것이 그렇지 않은 것보다 훨씬 낫다는 것을 아는 한국의 첫 세대니까!

임신 중 관리

· 임신 중에는 육회, 생선회, 날달걀 등의 생식을 금한다. 생야채는 깨끗하게 씻어서 먹고 되도록 익혀서 먹는다.

· 고양이 반려인이면서 회나 생야채 등을 즐겨 먹는다면 임신 전에 톡소플라스마 감염 여부를 검사한다.

· 고양이에게 익히지 않은 음식은 주지 않는다.

· 고양이 배설물 처리는 다른 사람이 하는 것이 좋고 사정이 여의치 않다면 바로 처리한 후 손을 깨끗하게 씻는다.

· 정기적으로 고양이에게 구충제를 먹인다.

· 임신 중에는 고양이 외출을 금한다.

· 맨손으로 흙을 만지는 일을 금한다.

반려동물 관리

· 반려동물의 배설물을 자주 깨끗이 치운다.

· 정기적으로 분변검사를 하고 예방 차원에서 내부/외부 기생충 구충제를 복용시킨다.

· 정기적인 건강검진과 예방접종을 한다.

· 정기적으로 목욕을 시키고 엉킨 털을 잘 관리한다.

· 산책 나갔을 때 외부 동물과의 접촉을 금한다.

· 아기와 부비거나 얼굴을 핥는 등의 직접 접촉을 금한다.

· 외래종 희귀동물은 믿을 수 있는 곳에서 분양받는다.

· 파충류나 양서류를 만질 때는 가급적 일회용 장갑을 착용하고, 내부/외부 기생충 검사, 분변검사를 반드시 해야 한다.

· 개, 고양이는 생후 3주부터 기생충 구제를 시작한다.

· 정기적으로 심장사상충 예방약을 투여한다.

사람이 주의할 점

· 흙에서 논 후에는 아이들의 손을 깨끗하게 씻긴다.

· 개나 고양이가 많이 사는 지역의 흙에서는 맨발로 놀지 않는다.

· 반려동물과 놀거나 흙에서 노는 동안 자기 입에 손을 넣지 않는다.

· 음식을 먹기 전에는 항상 손을 깨끗이 씻는다.

· 정기적으로 구충제를 먹는다.

· 함부로 야생동물이나 유기동물과 접촉하지 않는다.

· 반려동물이 먹고 있거나 잠자고 있을 때, 새끼를 돌보고 있을 때는 건드리지 않는다.

· 반려동물이 테이블이나 침대 밑, 좁은 공간에 있을 때에는 따라 들어가지 않는다.

· 반려동물을 붙잡거나 털을 잡아당기지 않는다.

· 반려동물 앞에서 달리거나 비명을 지르지 않는다.

· 반려동물의 밥그릇이나 장난감을 갖고 놀지 않는다.

· 파충류와 양서류를 만진 후에는 반드시 손을 깨끗이 씻는다.

· 카펫을 없애고 물청소를 자주 해 알러지 항원을 줄인다.

· 알러지 증상이 있는 사람이 있다면 반려동물이 자주 사용하는 가구와
용품을 치운다.

· 진공청소기로 청소한다.

· 카펫, 천 소파 등 천으로 된 것은 사용하지 않는 것이 알러지 예방에
좋다.

· 자주 환기시킨다. 공기청정기를 사용하는 것도 도움이 된다.

 참고문헌

Bryant, B. K., "The neighborhood walk, astudy of sources of support in middle childhood from the child's perspective," *Monographs of the society for Research of Child Development*, 50, 210, 1985.

Dennis R, Ownby, M. D., Christine Cole Johnson, PhD, and Edward L. Peterson, PhD, "Exposure to Dogs and Cats in the First Year of Life and Risk of Allergic Sensitization at 6 to 7 Years of Age," *JAMA*, 288: pp. 963–972, 2002.

Foulon, W., Naessens, A., and Derde, M., "Evaluation of the possibilities for preventing congenital toxoplasmosis," *Am J Perinatol* 11(1): pp. 57–62, 1994.

Gern et al. in *Journal of Allergy Clin Immunol*, vol 113(2), pp. 307–314, 2004.

Greene C., "Pet ownership for immunocompromised people," In Bonagura J. D., Kirk, R. W., editors, *Kirk's Current Veterinary Therapy XII: Small Animal Practice*, Philadelphia: Saunders, p.275, 1995.

Jan Fennell, *dog listener*.

Lappin, M., CVT update: Feline toxoplasmosis, In Bonagura J.D., Kirk R.W., editors, *Kirk's Current Veterinary Therapy XIII: Small Animal Practice*, Philadelphia: Saunders, pp. 309–314, 1995.

Lopez, A., Dietz, V. J., Wilson F., Navin T. R., Jones J. L., "Preventing congenital toxoplasmosis, In Centers for Disease Control and Prevention, CDC recommendations regarding selected conditions affecting women's health," *MMWR* [Internet] 49(RQ–2RR–2): pp. 57–74, 2000.

Monks of New Skete, *The art of raising a puppy*.

Patricia B. McConnell, *The other end of the leash*.

Tender, A. M., Heckeroth, A. R., and Weiss, L. M., "Toxoplasma gondii: from animals to humans," *Int J Parasitol*. Nov, 30(12-13): pp. 1217-1258, 2003.

마티 베커, 《마음을 나누는 동물 이야기》.

배종면 외, 〈제주도 가임연령 여교사의 톡소포자충 항체양성률〉, 《예방의학회지》, 34(4), pp. 444-446, 2001.

백은아, 〈개회충증의 진단에서 유충추출항원과 2기유충의 분비배설항원을 이용한 효소면역진단법의 진단율 비교〉, 가천의과학대학교 의학전문대학원 석사논문, 2008.

세자르 밀란, 《도그 위스퍼러》.

안병국 외, 〈선천성 톡소플라즈마증 1예〉, 《전북의대논문집》, 20(2), pp. 267-271, 1996.

여성건강간호교과연구회, 《여성건강간호학 Ⅱ》, 수문사, pp. 922~929, 2006.

원은재, 〈애완동물 기르기 활동이 유아의 감정이입과 정서인식에 미치는 효과〉, 아주대학교 교육대학원 석사논문, 2006.

이동초 외, 〈신생아에서의 톡소플라즈마증 1례〉, 《대한안과학회지》, 40(5), pp. 1415~1419, 1999.

이상표, 〈개회충 유충의 인체감염 시 발생하는 과민반응의 병태생리〉, 중앙대학교 의과대학대학원 박사논문, 2001.

이재희, 〈로얄동물임상의학〉, 2(4), pp. 13~18, 2004.

임현술 외, 〈우리나라 인수공통전염병의 발생현황과 관리대책〉, 《동국의학》, 10(1), pp. 13-54.

콘라트 로렌츠, 《인간, 개를 만나다》.

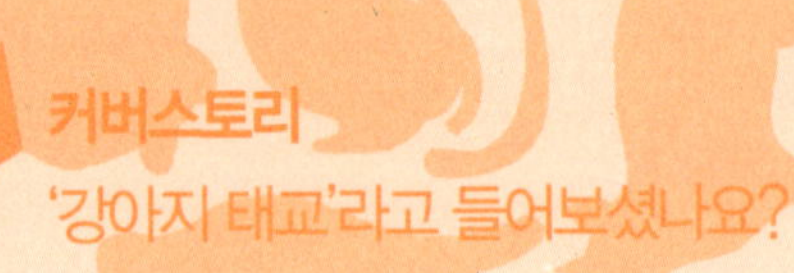

　아기 모델 가윤이는 현재 생후 18개월이고, 동물 모델 순애는 8살이다. 순애가 2.5킬로그램의 작은 체형이라 강아지라 오해할 수도 있지만 이제 슬슬 노년을 준비해야 하는 꽉 찬 성견이다. 순애는 2004년에 동물보호단체를 통해 입양한 유기견이다.

　가윤이 엄마 이수영 씨는 함께 살던 반려견 순돌이, 새로 입양한 순애를 데리고 결혼을 했다. 남편은 집 안에서 개를 키워 본 적이 없던 사람이라 처음에는 어색해했지만 한 번 책임진 생명은 끝까지 함께한다는 부인의 의지가 워낙 강해서 큰 갈등은 없었다. 다만 침대에서 함께 자는 것을 좀 꺼려했지만 결국 만삭 때까지 모두 함께 침대에서 잤다. 사람들이 가윤이를 보고 아기가 참 예쁘다고 하면 이수영 씨는 늘 "강아지 태교 했어요."라고 말한다. 실제로 임신 중에 순애와 순돌이 눈만 봐도 예쁘고 사랑스러워서 저절로 태교가 되는 것 같았다.

　시어머니가 반려동물과 아기를 함께 키우는 것을 반대하는 경우가 많은데 가윤이 할머니는 정반대였다. 결혼을 하고 개들과 함께 사는 것을 꺼려할까 봐 시어머니 오시는 날 아이들을 어디 맡길까 걱정이 태산이었는데 순애와 순돌이를 보시더니 "얘네 고구마 줘도 돼냐? 치즈는?" 하며 예뻐하셨다. 지레 겁먹었던 것이 머쓱해졌을 정도로.

　그런데 진짜 문제는 가윤이가 태어난 후 이수영 씨였다. 청소도 더 열심히 해야 하고, 아기가 잘 때 쉬지도 못하고 개 대소변을 처리해야 하니 몸이 힘들고, 아기가 겨우 잠들었는데 짖어서 깨울 때는 밉기도 했다. 또 아무래도 아기에게 애정과 관심을 쏟다 보니 순애와 순돌이에게 신경을 못 써

줘 미안했다. 개의 수명은 사람보다 짧아 두 녀석은 노견이 되어 가는데 잘 챙기지 못하는 것이 미안했다.

하지만 가윤이가 쑥쑥 크면서 그런 고민이 사라졌다. 처음에는 개를 장난감으로 알고 귀찮게만 하던 가윤이가 말귀를 알아들으면서 셋은 친구가 되어 가고 있다. 가윤이는 순애와 순돌이만 보면 뭐가 그리 좋은지 깔깔 웃고, 셋은 문제없이 너무 잘 지낸다. 가윤이가 조금 더 커서 매일 세 아이를 데리고 산책을 나갈 수 있다면 더 바랄 것이 없다.

물론 이수영 씨도 임신 중에 마음이 흔들렸던 적이 있다. 사람들이 임신했는데 개를 키워도 되냐고 물으면 "괜찮아요. 문제없대요." 하고 씩씩하게 말하면서도 임신부에 관한 책이나 기사에 반려동물과 기형에 관한 이야기가 나오면 불안하기도 했다. 잘못된 정보라는 것을 알고 곧 안심했지만 순간적으로 흔들린 것은 사실이다.

이수영 씨는 종종 유모차에 가윤이와 순돌이, 순애를 한꺼번에 태우고 나들이를 나간다. 사람들이 아기를 보러 왔다가 셋이 함께 있는 모습을 보고 화들짝 놀라며 "어머, 아기 있는데 개를 키우세요?" 하고 한 마디씩 하지만 개의치 않는다. 아기와 반려동물을 함께 키우는 일이 자연스러운 일이 되기를 바라는 마음에 일부러 더 그렇게 하는 것이니까.

가윤이는 이제 생후 18개월이지만 순애와 순돌이를 안 지는 28개월이다. 엄마 뱃속에 있을 때부터 가윤이는 순애, 순돌이의 짖는 소리를 듣고 체온을 느끼며 자랐으니까. 이수영 씨는 임신했을 때 순애를 안고 있을 때의 그 따뜻하고 평화로운 느낌을 지금도 잊지 못하는데 아마도 그래서 지금 셋이 좋은 친구가 되고 있나 보다.

고양이 그림 일기
(한국출판문화산업진흥원 이달의 읽을 만한 책)

고양이와 식물을 그리는 일러스트레이터가 장군이와 흰둥이, 두 고양이와 살아가는 일상을 그림 일기로 그렸다.

고양이 임보일기

《고양이 그림일기》의 이새벽 작가가 새끼 고양이 다섯 마리를 구조해서 입양 보내기까지의 시끌벅적한 임보 이야기를 그림으로 그려냈다.

우주식당에서 만나
(한국어린이교육문화연구원 으뜸책)

2010년 볼로냐 어린이도서전에서 올해의 일러스트레이터로 선정되었던 신현아 작가가 반려동물과 함께 사는 이야기를 네 편의 작품으로 묶었다.

고양이는 언제나 고양이였다

고양이를 사랑하는 나라 터키의, 고양이를 사랑하는 글 작가와 그림 작가가 고양이에게 보내는 러브레터. 고양이를 통해 세상을 보는 사람들을 위한 아름다운 고양이 그림책이다.

노견 만세

퓰리처상을 수상한 글 작가와 사진 작가의 사진에세이. 저마다 생애 최고의 마지막 나날을 보내는 노견들에게 보내는 찬사.

우리 아이가 아파요! 개 고양이 필수건강백과

개, 고양이 예방접종부터 가장 흔한 질병 예방과 대처법, 건강 식단, 문제 행동 해결법, 노령동물 돌보기까지 반려인이 알아야 할 기초 의학 정보를 다 모았다.

개, 고양이 사료의 진실

미국에서 스테디셀러를 기록하고 있는 책으로 반려동물 사료에 대한 알려지지 않은 진실을 폭로한다. 2007년도 멜라민 사료 파동 취재까지 포함된 최신판이다.

개·고양이 자연주의 육아백과

세계적 홀리스틱 수의사 피케른의 개와 고양이를 위한 자연주의 육아백과. 40만 부 이상 팔린 베스트셀러로 반려인, 수의사의 필독서. 최상의 식단, 올바른 생활습관, 암, 신장염, 피부병 등 각종 병에 대한 세세한 대처법도 자세히 수록되어 있다.

후쿠시마에 남겨진 동물들
(미래창조과학부 선정 우수과학도서, 환경부 선정 우수환경도서, 환경정의 청소년 환경책 권장도서)

2011년 3월 11일, 대지진에 이은 원전 폭발로 사람들이 떠난 일본 후쿠시마. 다큐멘터리 사진작가가 담은 '죽음의 땅'에 남겨진 동물들의 슬픈 기록.

후쿠시마의 고양이
(한국어린이교육문화연구원 으뜸책)

2011년 동일본 대지진 이후 5년. 사람이 사라진 후쿠시마에서 살처분 명령이 내려진 동물들을 죽이지 않고 돌보고 있는 사람과 함께 사는 두 고양이의 모습을 담은 평화롭지만 슬픈 사진집.

동물과 이야기하는 여자

SBS 〈TV 동물농장〉에 출연해 화제가 되었던 애니멀 커뮤니케이터 리디아 히비가 20년간 동물들과 나눈 감동의 이야기. 병으로 고통받는 개, 안락사를 원하는 고양이 등과 대화를 통해 문제를 해결한다.

나비가 없는 세상
(어린이도서연구회에서 뽑은 어린이·청소년 책)

고양이 만화가 김은희 작가가 그려내는 한국 최고의 고양이 만화. 신디, 페르캉, 추새. 개성 강한 세 마리 고양이와 만화가의 달콤쌉싸래한 동거 이야기.

강아지 천국

반려견과 이별한 이들을 위한 그림책. 들판을 뛰놀다가 맛있는 것을 먹고 잠들 수 있는 곳에서 행복하게 지내다가 천국의 문 앞에서 사람 가족이 오기를 기다리는 무지개 다리 너머 반려견의 이야기.

고양이 천국
(어린이도서연구회에서 뽑은 어린이·청소년 책)

고양이와 이별한 이들을 위한 그림책. 실컷 놀고 먹고, 자고 싶은 곳에서 잘 수 있는 곳. 그러다가 함께 살던 가족이 그리울 때면 잠시 다녀가는 고양이 천국의 모습을 그려냈다.

펫로스 반려동물의 죽음
(아마존닷컴 올해의 책)

동물 호스피스 활동가 리타 레이놀즈가 들려주는 반려동물의 죽음과 무지개 다리 너머의 이야기. 펫로스(pet loss)란 반려동물을 잃은 반려인의 깊은 슬픔을 말한다.

깃털 떠난 고양이에게 쓰는 편지

프랑스 작가 클로드 앙스가리가 먼저 떠난 고양이에게 보내는 편지. 한 마리 고양이의 삶과 죽음, 상실과 부재의 고통, 동물의 영혼에 대해서 써내려 간다.

인간과 개, 고양이의 관계심리학

함께 살면 개, 고양이와 반려인은 닮을까? 동물학대는 인간학대로 이어질까? 248가지 심리실험을 통해 알아보는 인간과 동물이 서로에게 미치는 영향에 관한 심리 해설서.

사람을 돕는 개
(한국어린이교육문화연구원 으뜸책, 학교도서관저널 추천도서)

안내견, 청각장애인 도우미견 등 장애인을 돕는 도우미견과 인명구조견, 흰개미탐지견, 검역견 등 사람과 함께 맡은 역할을 해내는 특수견을 만나본다.

치료견 치로리
(어린이문화진흥회 좋은 어린이책)

비 오는 날 쓰레기장에 버려진 잡종개 치로리. 죽음 직전 구조된 치로리는 치료견이 되어 전신마비 환자를 일으키고, 은둔형 외톨이 소년을 치료하는 등 기적을 일으킨다.

인간과 동물, 유대와 배신의 탄생
(환경부 선정 우수환경도서)

미국 최대의 동물보호단체 휴메인소사이어티 대표가 쓴 21세기 동물해방의 새로운 지침서. 농장동물, 산업화된 반려동물 산업, 실험동물, 야생동물 복원에 대한 허위 등 현대의 모든 동물학대에 대해 다루고 있다.

용산 개 방실이
(어린이도서연구회에서 뽑은 어린이·청소년 책, 평화박물관 평화책)

용산에도 반려견을 키우며 일상을 살아가던 이웃이 살고 있었다. 용산 참사로 갑자기 아빠가 떠난 뒤 24일간 음식을 거부하고 스스로 아빠를 따라간 반려견 방실이 이야기.

개에게 인간은 친구일까?

인간에 의해 버려지고 착취당하고 고통받는 우리가 몰랐던 개 이야기. 다양한 방법으로 개를 구조하고 보살피는 사람들의 이야기가 그려진다.

개 피부병의 모든 것

홀리스틱 수의사인 저자는 상업사료의 열악한 영양과 과도한 약물사용을 피부병 증가의 원인으로 꼽는다. 제대로 된 피부병 예방법과 치료법을 제시한다.

개가 행복해지는 긍정교육

개의 심리와 행동학을 바탕으로 한 긍정 교육법으로 50만 부 이상 판매된 반려인의 필독서이다. 짖기, 물기, 대소변 가리기, 분리불안 등의 문제를 평화롭게 해결한다.

암 전문 수의사는 어떻게 암을 이겼나

암에 걸린 암 수술 전문 수의사가 동물 환자들을 통해 배운 질병과 삶의 기쁨에 관한 이야기가 유쾌하고 따뜻하게 펼쳐진다.

유기동물에 관한 슬픈 보고서

(환경부 선정 우수환경도서, 어린이도서연구회에서 뽑은 어린이·청소년 책, 한국간행물윤리위원회 좋은 책, 어린이문화진흥회 좋은 어린이책)

동물보호소에서 안락사를 기다리는 유기견, 유기묘의 모습을 사진으로 담았다. 인간에게 버려져 죽임을 당하는 그들의 모습을 통해 인간이 애써 외면하는 불편한 진실을 고발한다.

버려진 개들의 언덕

인간에 의해 버려져서 동네 언덕에서 살게 된 개들의 이야기. 새끼를 낳아 키우고, 사람들에게 학대를 당하고, 유기견 추격대에 쫓기면서도 치열하게 살아가는 생명들의 2년간의 관찰기.

개.똥.승.

(세종도서 문학 부문)

어린이집의 교사이면서 백구 세 마리와 사는 스님이 지구에서 다른 생명체와 더불어 좋은 삶을 사는 방법, 모든 생명이 똑같이 소중하다는 진리를 유쾌하게 들려준다.

사향고양이의 눈물을 마시다

(한국출판문화산업진흥원 우수출판 콘텐츠 제작지원 선정, 환경부 선정 우수환경도서, 학교도서관저널 추천도서, 국립중앙도서관 사서가 추천하는 휴가철에 읽기 좋은 책, 환경정의 올해의 환경책)

내가 마신 커피 때문에 인도네시아 사향고양이가 고통 받는다고? 나의 선택이 세계 동물에게 어떤 영향을 미치는지, 동물을 죽이는 것이 아니라 살리는 선택이 무엇인지 알아본다.

채식하는 사자 리틀타이크

(아침독서 추천도서, 교육방송 EBS〈지식채널e〉방영)

육식동물인 사자 리틀타이크는 평생 피 냄새와 고기를 거부하고 채식 사자로 살며 개, 고양이, 양 등과 평화롭게 살았다. 종의 본능을 거부한 채식 사자의 9년간의 아름다운 삶의 기록.

대단한 돼지 에스더

(학교도서관저널 추천도서)

인간과 동물 사이의 사랑이 얼마나 많은 것을 변화시킬 수 있는지 알려 주는 놀라운 이야기. 300킬로그램의 돼지 덕분에 파티를 좋아하던 두 남자가 채식을 하고, 동물보호 활동가가 되는 놀랍고도 행복한 이야기.

똥으로 종이를 만드는 코끼리 아저씨

(환경부 선정 우수환경도서, 한국출판문화산업진흥원 청소년 권장도서, 서울시교육청 어린이도서관 여름방학 권장도서, 한국출판문화산업진흥원 청소년 북토큰 도서)

코끼리 똥으로 만든 재생종이 책. 코끼리 똥으로 종이와 책을 만들면서 사람과 코끼리가 평화롭게 살게 된 이야기를 코끼리 똥 종이에 그려냈다.

야생동물병원 24시

(어린이도서연구회에서 뽑은 어린이·청소년 책, 한국출판문화산업진흥원 청소년 북토큰 도서)

로드킬 당한 삵, 밀렵꾼의 총에 맞은 독수리, 건강을 되찾아 자연으로 돌아가는 너구리 등 대한민국 야생동물이 사람과 부대끼며 살아가는 슬프고도 아름다운 이야기.

고등학생의 국내 동물원 평가 보고서

(환경부 선정 우수환경도서)

인간이 만든 '도시의 야생동물 서식지' 동물원에서는 무슨 일이 일어나고 있나? 국내 9개 주요 동물원이 종보전, 동물복지 등 현대 동물원의 역할을 제대로 하고 있는지 평가했다.

동물원 동물은 행복할까?

(환경부 선정 우수환경도서, 학교도서관저널 추천도서)

동물원 북극곰은 야생에서 필요한 공간보다 100만 배, 코끼리는 1,000배 작은 공간에 갇혀 있다. 야생동물보호운동 활동가인 저자가 기록한 동물원에 갇힌 야생동물의 참혹한 삶.

동물 쇼의 웃음 쇼 동물의 눈물

(한국출판문화산업진흥원 청소년 권장도서, 한국출판문화산업진흥원 청소년 북토큰 도서)

동물 서커스와 전시, TV와 영화 속 동물 연기자, 투우, 투견, 경마 등 동물을 이용해서 돈을 버는 오락산업 속 고통받는 동물의 숨겨진 진실을 밝힌다.

동물들의 인간 심판

(대한출판문화협회 올해의 청소년 교양도서, 세종도서 교양 부문, 환경정의 청소년 환경책, 아침독서 청소년 추천도서, 학교도서관저널 추천도서)

동물을 학대하고, 학살하는 범죄를 저지른 인간이 동물 법정에 선다. 고양이, 돼지, 소 등은 인간의 범죄를 증언하고 개는 인간을 변호한다. 이 기묘한 재판의 결과는?

동물은 전쟁에 어떻게 사용되나?

전쟁은 인간만의 고통일까? 자살폭탄 테러범이 된 개 등 고대부터 현대 최첨단 무기까지, 우리가 몰랐던 동물 착취의 역사.

고통 받은 동물들의 평생 안식처 동물보호구역

(환경정의 올해의 어린이 환경책, 한국어린이교육문화연구원 으뜸책)

고통받다가 구조되었지만 오갈 데 없었던 야생동물들의 평생 보금자리. 저자와 함께 전 세계 동물보호구역을 다니면서 행복하게 살고 있는 동물들을 만난다.

묻다

(환경정의 올해의 환경책)

구제역, 조류독감으로 거의 매년 동물의 살처분이 이뤄진다. 저자는 4,800곳의 매몰지 중 100여 곳을 수년에 걸쳐 찾아다니며 기록한 유일한 사람이다. 그가 우리에게 묻는다. 우리는 동물을 죽일 권한이 있는가.

동물학대의 사회학

(학교도서관저널 올해의 책)

동물학대와 인간 폭력 사이의 관계를 설명한다. 페미니즘 이론 등 여러 이론적 관점을 소개하면서 앞으로 동물학대 연구가 나아갈 방향을 제시한다.

동물주의 선언

현재 가장 영향력 있는 정치철학자가 쓴 인간과 동물이 공존하는 사회로 가기 위한 철학적·실천적 지침서.

동물을 만나고 좋은 사람이 되었다

(한국출판문화산업진흥원 출판 콘텐츠 창작자금지원 선정)

개, 고양이와 살게 되면서 반려인은 동물의 눈으로, 약자의 눈으로 세상을 보는 법을 배운다. 동물을 통해서 알게 된 세상 덕분에 조금 불편해졌지만 더 좋은 사람이 되어 가는 개·고양이에 포섭된 인간의 성장기.

햄스터

햄스터를 사랑한 수의사가 쓴 햄스터 행복·건강 교과서. 습성, 건강관리, 건강 식단 등 햄스터 돌보기 완벽 가이드.

토끼

토끼를 건강하고 행복하게 오래 키울 수 있도록 돕는 육아 지침서. 습성·식단·행동·감정·놀이·질병 등 모든 것을 담았다.

임신하면 왜 개, 고양이를 버릴까?

아기와 반려동물이 함께하는
행복한 임신, 출산, 육아

초판 1쇄 2010년 10월 30일
초판 11쇄 2020년 5월 10일

지은이 권지형, 김보경
펴낸이 김보경
펴낸곳 책공장더불어

편 집 김보경
디자인 add+
인 쇄 정원문화인쇄

책공장
더불어

주 소 서울시 종로구 혜화동 5–23
대표전화 (02)766–8406
팩 스 (02)766–8407
이메일 animalbook@naver.com
홈페이지 http://blog.naver.com/animalbook
출판등록 2004년 8월 26일 제300–2004–143호

ISBN 978-89-957504-7-6 (13590)

모카, 라떼와 이영현

사랑해~♡

콩이랑 아들

뱃속 아기와 복댕군

콩이랑 딸

태윤이와 세피

인서와 초롱이

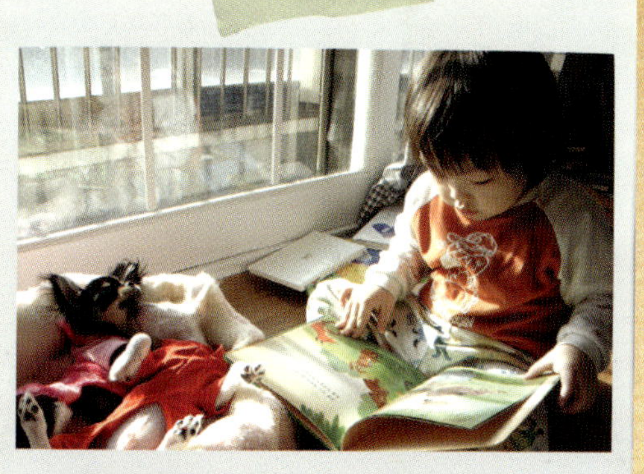

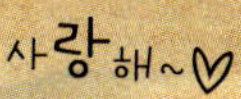

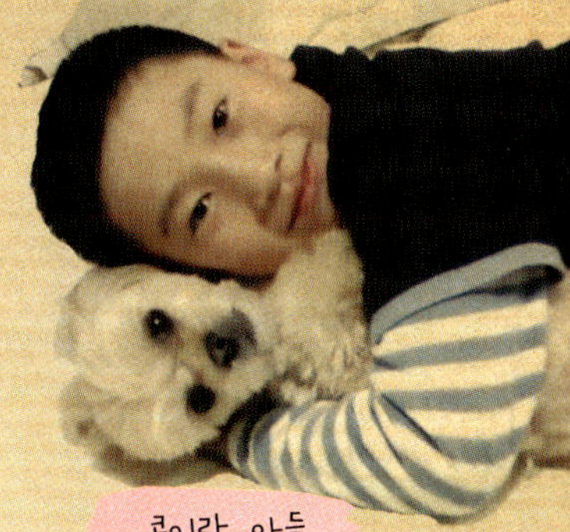

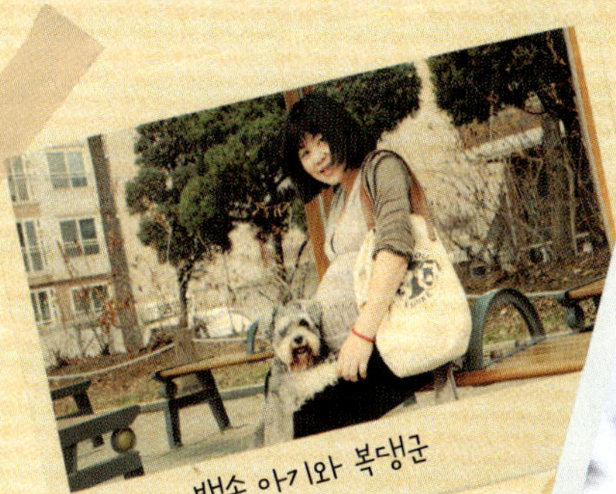

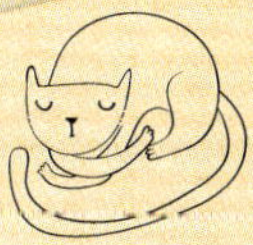

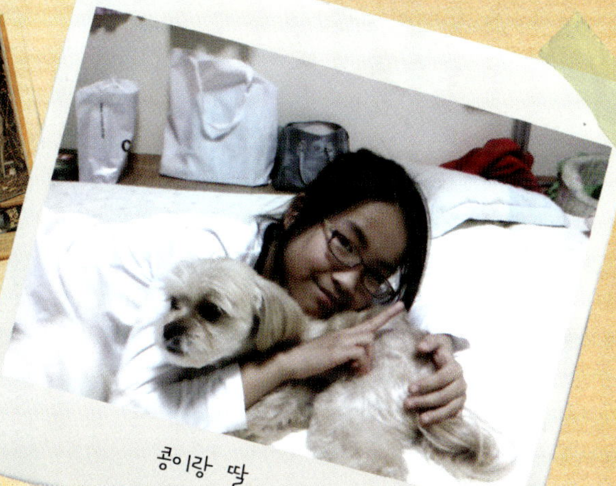

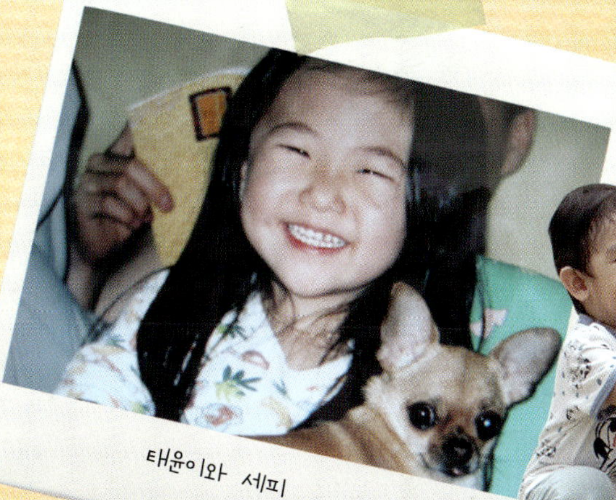

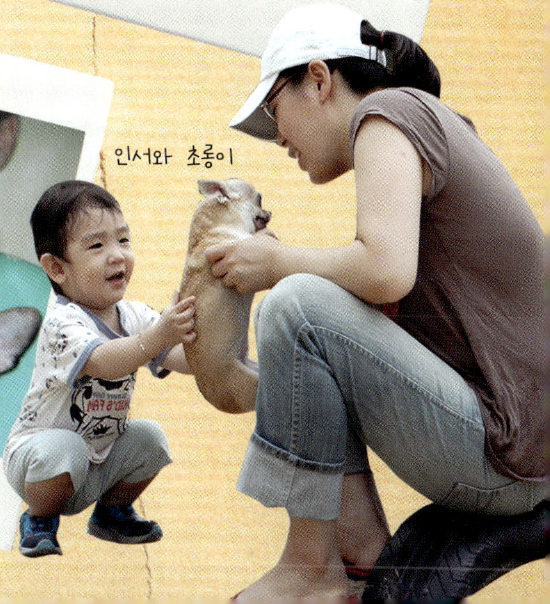

아흠~ 졸려
세린이와 미키
냐옹~
영후랑 금동이랑
영후랑 금동, 두리네 집
크라운, 핑크, 시내
래인이와
레이디와 타이니

하늘이랑 깜지
킁킁~
채민이와 뽀송이
수민이와 함께
은서와 꿍이

태겸이와 함께
진서와 함께
규림이와 용이가 친한 척!
왈~
왈왈~
후니, 예나, 세나